一碗好粥养全家

郑伟乾/编著　　郭　刚/摄影

U0305306

辽宁科学技术出版社
·沈阳·

图书在版编目（CIP）数据

一碗好粥养全家 / 郑伟乾编著 . ——沈阳：辽宁科学技术出版社，2015.8
ISBN 978-7-5381-9357-2

Ⅰ . ①一··· Ⅱ . ①郑··· Ⅲ . ①粥－食物养生－食谱 Ⅳ .
① TS972.137

中国版本图书馆 CIP 数据核字（2015）第 176107 号

策划制作：深圳市无极文化传播有限公司（www.wujiwh.com）

出版发行：辽宁科学技术出版社
　　　　　　（地址：沈阳市和平区十一纬路 29 号　邮编：110003）
印　刷　者：深圳市好印象真彩印刷有限公司
经　销　者：各地新华书店
幅面尺寸：170mm×240mm
印　　张：12
字　　数：307 千字
出版时间：2015 年 8 月第 1 版
印刷时间：2015 年 8 月第 1 次印刷
责任编辑：卢山秀　无　极
封面设计：无极文化
责任校对：合　力

书　　号：ISBN 978-7-5381-9357-2
定　　价：32.80 元
联系电话：024-23284376
邮购热线：024-23284502

前言

　　粥，寻常之物，然而每个人都离不开它。中国人从小就爱喝粥并百吃不厌。粥的味道鲜美、润喉易食，营养丰富又易于消化，实在是养生保健的佳品。粥的妙不可言，在于它介于饭、菜和汤三者之间。既有米饭的嚼劲，又有菜的爽口，更有汤的营养开胃。

　　也许是吃惯了精致美食，很多人都忽略了清粥小菜其实也是餐桌上重要的一份子，煮得浓稠的地瓜稀饭，配上一碟小咸菜就是早期的平民美味。如今，人们花样翻新地追求着各式美味。食物，早已不再是简单的果腹之用，它已日渐成为人们品味生活的载体。然而，吃惯了鱼肉海鲜、麻辣鲜香，我们却更加怀念记忆中清粥小菜的滋味——虽然没有鱼肉昂贵和显眼，可是那简单的味道却是隽永绵长的，不论何时回味，都不会褪色和黯淡。简简单单的一碗粥，不同时间，不同心情，不同需要，或稠或稀自行拿捏。

　　在中国有文字记载的历史中，粥的踪影伴随始终。自古就有"以粥养病"、"以粥强身"、"以粥生津"的说法，近代又有粥为"百补之首"的说法。粥的功能更是将"食用"、"药用"高度融合，进入了带有人文色彩的"养生"层次。粥作为国人的传统优良食物，一直深受人们的喜爱，它不仅可以调节胃口，增进食欲，还能补充身体需要的水分。

　　但如今，简简单单的一碗粥早已无法满足人们对生活的追求，人们开始花样翻新地追求粥的各式美味。在粥里面加入五谷杂粮、海鲜、蔬菜或者各种肉类进行混煮早已司空见惯。不同食材煮成的粥有不同的作用，养生、养胃、美容……

　　一碗粥，包含的不仅是美味和营养，更蕴含着越煮越浓的爱意，在粥香四溢中，你可以领略到煮粥人真切的爱。

目 录

第一章
熬出好粥养护全家人

熬粥必修课……………………… 8
精心选好料，用心熬好粥…… 10
熬好粥，选锅是关键………… 18
粗粮细做营养美味………… 19
熬煮好粥的秘诀…………… 20
煮粥不溢锅不粘锅的窍门…… 21
根据体质喝对粥…………… 22
健康喝粥有讲究…………… 24

第二章
老少皆宜的经典粥

滋味海鲜粥……………… 27
香芋排骨粥……………… 28
生滚猪肝粥……………… 29
栗子鸡肉粥……………… 31
黄花菜咸肉粥…………… 32
莲子黑米粥……………… 33
虾干菜粒粥……………… 34
生滚牛肉粥……………… 37

韭菜虾仁粥……………… 38
菜干皮蛋粥……………… 39
艇仔粥………………… 41
皮蛋瘦肉粥……………… 42
八宝粥………………… 43
百合银耳粥……………… 44
山药枸杞粥……………… 45
红豆莲子粥……………… 47

第三章
强身健体的滋补粥

为粥打好底的鲜美高汤……… 49
干贝鸡丝粥……………… 50
小米红豆粥……………… 51
腰豆薏米百合粥………… 52
莲子乌鸡粥……………… 53
白果菜粒粥……………… 54
紫米粥………………… 55
冬瓜瘦肉粥……………… 56
莲子大枣粥……………… 58
薏米咸蛋粥……………… 59
鸭肉玉米粥……………… 61
黄豆猪肚粥……………… 63

莲藕猪肝粥……………………… 64
糯米牛肉粥……………………… 65
薏米鸡肉粥……………………… 66
大枣薏米粥……………………… 68
虾肉豌豆粥……………………… 69
五色豆粥………………………… 70
花生黑芝麻粥…………………… 71
紫菜肉丝粥……………………… 72
高粱山药粥……………………… 74
人参糯米粥……………………… 75
大枣羊骨粥……………………… 76
山药薏米粥……………………… 78
黄豆黑芝麻粥…………………… 79
黑豆桂圆粥……………………… 80
松子仁粥………………………… 81
虾米芹菜粥……………………… 82
榛子枸杞粥……………………… 84
桂圆大麦粥……………………… 85
海虾扇贝粥……………………… 86

香蕉大米粥……………………… 96
荔枝大米粥……………………… 96
排骨山药粥……………………… 97
莲藕山楂粥……………………… 98
大麦仁粥………………………… 99
益气羊肉粥……………………… 101
美颜玉米粥……………………… 102
百合薏米粥……………………… 103
冬瓜薏米排骨粥………………… 104
山楂桃仁粥……………………… 106
荸荠红豆粥……………………… 106
荠菜小米粥……………………… 107
蒲公英绿豆粥…………………… 108
莴苣祛火粥……………………… 109
粉葛猪肝粥……………………… 111
香菇鸡肉粥……………………… 112
花生高粱粥……………………… 113
银鱼海带粥……………………… 114

第四章
对症调养的食疗粥

咸鱼干大米粥…………………… 88
荞麦桂圆粥……………………… 89
淡菜粥…………………………… 90
生姜大枣粥……………………… 91
腐竹白果荞麦粥………………… 92
百合杏仁粥……………………… 93
枇杷止咳粥……………………… 94
蔬菜肉丝粥……………………… 95

第五章
安神健脑的益智粥

金枪鱼青菜粥…………………… 117
核桃益智粥……………………… 118
牛奶玉米粥……………………… 119
滑蛋牛肉粥……………………… 121
护眼明目粥……………………… 122
薏米核桃粥……………………… 123
蘑菇鱼肉粥……………………… 125
桂圆玉米板栗粥………………… 126
核桃花生粥……………………… 127

丝瓜鲜虾粥⋯⋯⋯⋯⋯⋯ 128

水果什锦粥⋯⋯⋯⋯⋯⋯ 130

胡萝卜肉末粥⋯⋯⋯⋯⋯ 131

黑芝麻燕麦粥⋯⋯⋯⋯⋯ 132

大枣板栗粥⋯⋯⋯⋯⋯⋯ 133

鳕鱼豆腐粥⋯⋯⋯⋯⋯⋯ 135

牛奶花生粥⋯⋯⋯⋯⋯⋯ 136

腰果红薯粥⋯⋯⋯⋯⋯⋯ 137

香菇荞麦粥⋯⋯⋯⋯⋯⋯ 138

安神健脑粥⋯⋯⋯⋯⋯⋯ 138

萝卜大骨粥⋯⋯⋯⋯⋯⋯ 139

玉米蔬菜火腿粥⋯⋯⋯⋯ 141

蔬菜菌菇粥⋯⋯⋯⋯⋯⋯ 142

第六章
养血益气的美颜粥

椰香紫米粥⋯⋯⋯⋯⋯⋯ 145

菠菜瘦肉粥⋯⋯⋯⋯⋯⋯ 147

牛肉小米粥⋯⋯⋯⋯⋯⋯ 148

小米红糖粥⋯⋯⋯⋯⋯⋯ 149

猪腰香芋粥⋯⋯⋯⋯⋯⋯ 151

瘦身养颜粥⋯⋯⋯⋯⋯⋯ 152

黄瓜玉米粥⋯⋯⋯⋯⋯⋯ 153

山药乌鸡粥⋯⋯⋯⋯⋯⋯ 155

罗汉果糙米粥⋯⋯⋯⋯⋯ 156

黄瓜糙米粥⋯⋯⋯⋯⋯⋯ 157

樱桃银耳粥⋯⋯⋯⋯⋯⋯ 158

牛奶润肤粥⋯⋯⋯⋯⋯⋯ 159

火腿薏米粥⋯⋯⋯⋯⋯⋯ 161

薏米美颜粥⋯⋯⋯⋯⋯⋯ 162

玉米燕麦粥⋯⋯⋯⋯⋯⋯ 163

大枣羊肉粥⋯⋯⋯⋯⋯⋯ 165

花生猪蹄粥⋯⋯⋯⋯⋯⋯ 166

三黑乌发粥⋯⋯⋯⋯⋯⋯ 167

银耳木瓜粥⋯⋯⋯⋯⋯⋯ 168

红豆燕麦薏米粥⋯⋯⋯⋯ 169

猪骨养颜粥⋯⋯⋯⋯⋯⋯ 170

何首乌大枣粥⋯⋯⋯⋯⋯ 172

第七章
五谷杂粮素食粥

五谷杂粮的四性五味⋯⋯⋯ 174

银耳木瓜糙米粥⋯⋯⋯⋯ 177

黑芝麻山药粥⋯⋯⋯⋯⋯ 178

百合大米粥⋯⋯⋯⋯⋯⋯ 179

红薯小米粥⋯⋯⋯⋯⋯⋯ 180

红薯玉米粥⋯⋯⋯⋯⋯⋯ 181

百合薏米粥⋯⋯⋯⋯⋯⋯ 182

花生紫米粥⋯⋯⋯⋯⋯⋯ 183

枸杞芝麻粥⋯⋯⋯⋯⋯⋯ 184

绿豆百合粥⋯⋯⋯⋯⋯⋯ 185

大麦糯米粥⋯⋯⋯⋯⋯⋯ 186

百合红薯粥⋯⋯⋯⋯⋯⋯ 187

黑豆黑米粥⋯⋯⋯⋯⋯⋯ 188

扁豆大枣玉米粥⋯⋯⋯⋯ 189

红豆荞麦粥⋯⋯⋯⋯⋯⋯ 190

杏仁花生粥⋯⋯⋯⋯⋯⋯ 191

第一章

熬出好粥

养护全家人

粥虽普通，却总是让我们时不时地记挂想念。粥中其实有很多讲究：父母会想喝什么粥？给孩子喝点儿什么粥？老公呢？呵护肠胃要喝什么粥？末了，还有自己，总要让自己也健健康康、漂漂亮亮的不是？看吧，生活中的点点滴滴，粥也是个"角色"。因人而异，因人而熬，各取所需，需补所求。熬碗好粥，养生、滋补、益智、美容……薄咸清甜，浓淡鲜香不一而足却可滋养全家。

熬粥必修课

煮得一手绵滑好粥，想来是每位主妇的必修课之一吧。

一碗热乎乎的煮到功夫的好粥，清淡却不寡淡，能让你从口到胃，整个人都马上温暖起来。要做到"水米交融"，米粒基本上已经失去了原来的颗粒状，而是以一种絮状的米花形式存在。同时，粥里也看不到明显的水分，水与米融为一体，你中有我，我中有你。要做到这一点，其实是有窍门的。

◆ 选米最重要

熬粥的米不是越贵越好，如泰国米，煮出来较散，不太适合熬粥。选用东北珍珠米，黏性好、颗粒小，容易熟、软烂，粥显得更细润。若米的黏性不够，可加入适量糯米。

◆ 米要先泡水

淘净米后再浸泡一段时间，米粒吸收水分，才会熬出又软又稠的粥，而且还比较省火。

◆ 腌米是关键

泡好的大米沥去多余的水分，再加适量植物油和食盐拌匀，腌半小时左右，这样可以让米粒下锅后迅速开花，因为米沾上油后，更容易聚集热能，掌握这一窍门，可以让熬粥变得更快捷，并且煮出来的粥口感更香滑。

◆ 开水下锅，水量加足

熬粥时，要用开水，这样不仅可以避免粘锅、煳锅底的现象，还可以节省时间。煮粥时，尽量一次把水加足，避免中途加水，影响粥的黏稠度和浓郁味。

一般大米与水的比例如下所示：

稠粥 = 大米 1 杯 + 水 15 杯

稀粥 = 大米 1 杯 + 水 20 杯

一般来说，成人手掌抓 1 把大米约为 25 克，100 克约是成人手掌的 4 把，做出的粥适合 4 个人食用。用普通锅煮粥，25 克大米加 375 ~ 500 克水，煮至大米开花；如果是薏米、大麦米、高粱米等，用水量还要多些；如果用高压锅或砂锅煮粥，水可以少一些，约少 100 克。

◆ 高汤熬粥最鲜美

高汤是粥最好的调味料，不仅口感更鲜美，营养也更丰富。对不爱喝粥的人，高汤煮的粥定能让他从此爱上粥。

◆ 掌握煮粥的火候

先用大火煮沸后，要赶紧转为小火，注意不要让粥汁溢出，再慢慢盖上盖，留缝，用小火煮。

◆ 中途加水味道差

熬粥一定要一次性将水加足，中途千万不能加水，否则很容易让米与水分离，粥也不黏稠，口感也不好。如果煮得太稠了实在需要加水，一定要加热水。

◆ 不断搅拌才黏稠

熬好粥必不可少的步骤——搅拌。煮粥期间不停地搅拌可以让米粒充分饱满。搅拌也是有技巧的，开水下锅，搅拌几下，盖上锅盖，小火熬制20分钟，再不停搅拌，大概持续10分钟左右，搅拌时顺着一个方向搅拌，直到粥出现很自然的黏稠状。这样既能防止煳锅，也能使口感更黏稠。

◆ 加料顺序很重要

注意加入材料的顺序，慢熟的要先放，如豆类、含淀粉类原料；生的杏仁、核桃仁最好先水泡剥皮去苦味后再下锅；生花生、藕、百合、蔬菜等快熟时最后放入，以保持鲜脆的口感；薏米下锅之前要先泡至发亮，因为好熟，所以不需太大火候，起锅前几分钟放入即可。

此外，肉类可以加淀粉拌匀后再放入粥中，海鲜则先氽烫一下，这样煲出来的粥看起来清而不浊。

◆ 点油增香不溢锅

熬粥时往锅里加5~6滴食用油，就可避免粥汁溢锅。用压力锅熬粥，先滴几滴食用油，开锅时就不会往外喷，比较安全。而且点油后的粥又增加了香滑的口感。

◆ 加食盐粥更甜

食盐有一种特殊的功能，就是：可以使甜的东西更加甜。煮一锅清粥，不必去考虑熬高汤，在清粥中加少许盐就可以了，这样的清粥不用加料也一样鲜美。

精心选好料，用心熬好粥

滋养心身的食材

粳米

粳米是大米的一种，其粥有"世间第一补"之美称。粳米含人体必需的氨基酸、脂肪、钙、磷、铁及B族维生素等多种营养成分。它具有健脾胃、补中气、养阴生津等功效。

选购：优质的粳米，米粒洁白有光泽、略呈透明，且胚芽呈乳白色或淡黄色，闻上去十分清香，咀嚼几粒口感松软、香甜。

黑米

黑米是一种药、食兼用的大米，米质佳。其维生素、微量元素和氨基酸含量都高于普通大米，食用价值高。它具有开胃益中、健脾暖肝、明目活血等功效。

选购：优质黑米米粒大小均匀，有光泽，很少有碎米、有裂纹。闻之清香无霉味，取几粒品尝味佳，微甜，无异味。

燕麦

日常食用的小麦、稻米等9种粮食中，以燕麦的营养价值最高。其富含镁和维生素B_1，也含有磷、钾、铁等营养成分，具有益肝和胃、养颜护肤、增加人体免疫力等功效。

选购：市场有售的燕麦产品有燕麦粒、燕麦片、麦片3种，熬粥时，建议选择原汁原味的燕麦粒。购买时，尽量选择颗粒饱满、色泽鲜亮、干净无沉重土味的。

花生

有着"长生果"、"植物肉"美誉的花生，富含硫胺素、核黄素、尼克酸等多种维生素以及钙、磷、铁等微量元素。它具有抗老化、凝血止血、促进发育、增强记忆等功效。

选购：如果购买带壳花生，应选择外壳呈土黄色或白色；而直接选购花生米的话，以颗粒饱满、大小均匀、形态完整、没有破损、虫蛀和发芽的颗粒为佳。

调理体质的食材

小米

小米含有多种维生素、蛋白质、脂肪及铁、钙、钾等多种人体所必需的微量元素。小米具有健脾和胃、补益虚损、和中益肾、益丹田等功效。

选购：优质小米，米粒大小均匀，颜色呈乳白色、黄色或金黄色，颜色分布均匀，闻之无异味。

赤小豆

赤小豆富含叶酸、蛋白质、脂肪、碳水化合物、粗纤维等营养元素。它具有良好的通便、利水消肿、解毒排脓、降血压、降血脂、调节血糖、健美减肥的作用。

选购：赤小豆表面紫红色或暗红棕色。以平滑，稍具光泽或无光泽，颗粒饱满、色紫红发暗者为佳。

绿豆

绿豆有"济世之良谷"的美誉，含有丰富的维生素C、B族维生素、胡萝卜素以及钙、磷、铁等矿物质。它具有清热解暑、清血利尿、明目降压、抗过敏等功效。

选购：优质绿豆外皮蜡质，颜色鲜绿、子粒饱满、均匀，很少破碎，无虫，不含杂质；闻之有股清香味，无其他异味。

山楂干

山楂干含多种维生素、黄酮类、糖类、蛋白质、脂肪和钙、磷、铁等矿物质。山楂具有消积化滞、收敛止痢、活血化瘀、扩张血管、降压、增强心肌、抗心律不齐、调节血脂及胆固醇含量等功能。对儿童、老人消化不良、食欲不振有良好的疗效。

选购：好的山楂干色泽红润，闻起来清香扑鼻，陈山楂干则颜色暗淡，香味较差。

养护肠胃的食材

糯米

糯米具有补中益气、止泻、健脾养胃、止虚汗、安神益心、调理消化和吸收的作用，对脾胃虚弱、体疲乏力、多汗、呕吐者与经常性腹泻、痔疮、产后痢疾等症状有舒缓作用。糯米煮稀薄粥服食，不仅营养滋补，且极易消化吸收，养胃气。

选购：以米粒饱满、色泽白、没有杂质和虫蛀者为佳。

高粱米

高粱米所含蛋白质中赖氨酸和色氨酸含量较低，属于半完全蛋白质，将碾碎熟食，有健脾益胃、养身的作用，熬粥可以供脾虚有水湿者食用。

选购：优质高粱颗粒整齐，富有光泽，干燥无虫，无沙粒，碎米极少，闻之有清香味。

大麦

大麦中富含蛋白质、镁、磷、铜、碳水化合物等营养素，具有益气、宽中、化食、回乳之功效，有助消化、平胃止渴、消渴除热等作用。它除了能降低血压、预防心脏病之外，还能促进成长及身体组织器官的修复，供给能量与活力。

选购：优质的大麦麦粒饱满、颗粒均匀、无杂质，闻起来有淡淡的焦香味，无其他异味。

玉米粒（糙）

玉米中的纤维素含量很高，具有刺激肠胃蠕动、加速粪便排泄的功能，此外具有防止便秘、肠炎、肠癌等功效。

选购：玉米粒饱满、色泽金黄、表面光亮者为佳。

养颜抗衰的食材

薏米

《本草纲目》等医籍记载，薏米能强筋骨、健脾胃、消水肿、去风湿等，其富含维生素B_1，可以改善粉刺、雀斑等现象，是皮肤光滑、美白的好食材。

选购：在购买时，应选择颗粒饱满完整，质硬有光泽，呈白色或黄白色，色泽均匀，带点粉性，且带有清新气息者。

黑芝麻

黑芝麻中含有丰富的卵磷脂、蛋白质、维生素E、亚油酸等，经常食用能够补血通便，绝对是女士日常必备的保健养颜食品。此外，有滋养肝肾、乌须黑发等良好功效，久服还能益寿延年。

选购：优质黑芝麻有光泽，颗粒大小均匀，很少有碎、爆腰（粒上有裂纹）的，无虫，不含杂质。

血糯米

血糯米的营养价值很高，除含蛋白质、脂肪、碳水化合物外，还含丰富的钙、磷、铁、维生素B_1、维生素B_2等，有补血养气、生津止汗功效。中医认为"黑气入肾，黑色多补肾"，常吃血糯米还有补肾的作用。

选购：应选择米粒较大且饱满、颗粒均匀、有米香、无杂质者为佳。

大枣

大枣有"天然维生素丸"的美誉，含有丰富人体必需的多种维生素和18种氨基酸、矿物质。有补中益气、养血安神、美白祛斑、延缓衰老等作用。

选购：优质大枣皮色紫红，颗粒大而均匀、果形短壮圆整，皱纹少、痕迹浅；皮薄核小，肉质厚而细实。皱纹多、痕迹深、果形凹瘪为劣质枣。

益智安神的食材

糙米

糙米中钾、镁、锌、铁、锰等微量元素含量较高，而且糙米中米糠和胚芽部分含有丰富的 B 族维生素和维生素 E，能提高人体免疫功能，促进血液循环，还能帮助人们消除沮丧、烦躁的情绪，使人充满活力。它还可以健脾养胃、补中益气、调和五脏、镇静神经、促进消化吸收。

选购：优质糙米，颗粒均匀，色泽晶莹，无黄粒，闻之有一股米的清香，用手摸，无油腻和米粉。

核桃

有"长寿果"、"益智果"之称的核桃，其中含有丰富的卵磷脂和不饱和脂肪酸，对脑神经有很好的保健作用。每日坚持食用 3 ~ 4 个核桃，可起到强健大脑、增强记忆、消除脑疲劳等作用。

选购：核桃个头均匀，表皮呈淡黄色、缝合线紧密，外壳光洁为佳。而外壳发黑或者过白，泛油轻飘没有分量的大多为坏果。

黄豆

黄豆营养价值很高，富含蛋白质及矿物元素铁、镁、钼、锰、铜、锌、硒等，以及人体 8 种必需氨基酸和天门冬氨酸、卵磷脂、可溶性纤维、谷氨酸和微量胆碱等营养物质，这些物质对脑细胞发育、增强记忆力有好处。

选购：黄豆以豆粒饱满完整、颗粒大、金黄色者为佳，如果豆粒有发黑、颜色暗浊或干瘪现象时，表示为品质较差、存放过久的黄豆，不宜选购。

莲子

莲子具有养心安神、健脑益智、消除疲劳等功效，是老少皆宜的滋补品。特别适合脑力劳动者食用，可以健脑、增强记忆力，提高工作效率以及预防老年痴呆的发生。

选购：优质莲子呈自然白色，即色白稍带微黄，白中带黄，一点自然的皱皮，闻起来有淡淡的清香，抓一把在手里搓揉发出清脆的响声。

黑豆

黑豆含植物固醇，有抑制人体吸收胆固醇、降低胆固醇在血液中含量的作用。常食黑豆，能软化血管、滋润皮肤、延缓衰老。特别是对高血压、心脏病等患者有益。

选购：豆大而圆润、黑亮有光泽的，是新鲜的好黑豆，真正的黑豆是黑皮绿肉。

桂圆

桂圆含有多种营养物质，其中大量的铁、钾等元素，对治疗心悸、心慌、失眠、健忘效果显著，另外还有补血安神、健脑益智、补养心脾的功效。

选购：质量好的桂圆干果肉呈透明褐色状，有光泽、表面皱纹明显，黏稠性强，肉质柔软，耐煮。

药食同源的食材

枸杞子

枸杞子含有丰富的胡萝卜素、维生素和钙、铁等健康明目的营养物质，俗称"明眼子"。有补肾养肝、补血安神、生津止渴、润肺止咳等功效。《本草纲目》中说"久服坚筋骨，轻身不老，耐寒暑"。

选购：新鲜的枸杞子因产地不同而色泽有所不同，以颜色柔和、有光泽、肉质饱满、闻之有淡淡的清香味为佳。

山药

山药含有大量的黏液蛋白、维生素及微量元素，能有效阻止血脂在血管壁的沉淀，预防心血管疾病，取得益智安神、延年益寿的功效。食用山药还能增加人体淋巴细胞，增强免疫功能，延缓细胞衰老。

选购：以洁净、无畸形或分枝、根须少、没有腐烂和虫害、切口处有粘手的黏液，且较重者为佳。

百合

百合富含多种营养物质，如矿物质、维生素等，这些物质能促进机体营养代谢，使机体抗疲劳、耐缺氧能力增强，同时能清除体内的有害物质，延缓衰老。百合中含有果胶及磷脂类物质，服用后可保护胃黏膜，治疗胃病。

选购：优质鲜百合柔软、颜色洁白、有光泽、无明显斑痕、鳞片肥厚饱满。闻起来有淡淡的味道，尝起来有点苦。干百合的颜色为白色，或者是稍带淡黄色或淡棕黄，质硬而脆。

人参

人参自古誉为"百草之王""滋阴补生，扶正固本"之极品，是强壮滋补药，适用于调整血压、恢复心脏功能、神经衰弱及身体虚弱等症，也有祛痰、健胃、利尿、促进皮肤血液循环、增加皮肤营养等功效。

选购：在挑选人参时，应选择中间枝体部分平直光滑、内紧、纹理清晰的为好。

黄芪

民间流传着"常喝黄芪汤，防病保健康"的顺口溜，泡水代茶饮，具有良好的防病保健作用。

黄芪含皂甙、蔗糖、多种氨基酸、叶酸及硒、锌、铜等多种微量元素。有益气固表、利水消肿、脱毒、生肌的功效，能增强心肌收缩力，调节血糖含量。

选购：优质黄芪淡棕色或黄色，表面有皱纹及横向皮孔，质坚韧，断面纤维状，显粉性，放嘴里嚼味微甜，有豆腥味。

何首乌

何首乌含有大黄酚、脂肪油、淀粉、糖类、卵磷脂等营养成分，有补益精血、乌须发、强筋骨、补肝肾、解毒、润肠、降血脂及胆固醇、增强机体抗寒能力、促进红细胞生成等作用。

选购：选购何首乌时，应选个大、质坚实而重、表面红褐色、断面有明显云彩花纹、粉性足者为佳。

阿胶

阿胶能滋阴、润燥、止血。用于血虚萎黄、眩晕心悸、心烦不眠、肺燥咳嗽、便血崩漏、妊娠胎漏、缺铁性贫血等症。

选购：优质阿胶平滑有光泽，断面对光照视呈棕色半透明状，胶块表面当以黄透如琥珀色，光黑如漆者为真，嚼之微带腥味，味甜。

陈皮

陈皮具有很高的药用价值，又是传统的香料和调味佳品，向来享有盛誉。陈皮含有柠檬烯对胃肠道有温和的刺激作用，能促进消化液分泌和排除肠内积气。

选购：优质陈皮表面干燥清脆，色泽比较鲜亮、闻之有股淡淡的辛香味道，表皮薄而且凹凸不平。

熬好粥，选锅是关键

工欲善其事，必先利其器！想要熬出一锅好粥，选对锅是非常重要的。现在熬粥工具也是越来越多，高压锅、电饭锅、电粥煲、砂锅，甚至微波炉都可以用来煲粥。熬粥该如何选锅呢？

传统砂锅，煲粥最完美

传统砂锅是由石英、长石、黏土等多种原料经高温烧制而成的。它传热快而且均匀、散热慢、保温能力强、通气性好，因此成为熬粥首选的锅具。同时，砂锅能均衡而持久的把外界热能传递给内部原料，相对平衡的环境温度，有利于水分子与食物的相互渗透，这种相互渗透的时间维持得越长，鲜香成分溢出的越多，熬出的粥的味道就越鲜醇，质地就越酥烂。

电粥煲，熬粥最省心

社会越进步分工越精细，就连熬粥都有了专门的电粥煲。这款专门煮粥的美粥煲，有熬煮各种粥的功能，使用起来很方便，不需要看护熬煮，并且很快捷，适合家庭使用。

电压力锅，煮粥最快捷

砂锅熬粥是好，但是需要时间的保证，如果着急上班，又想喝粥，在时间不够的情况下，选择电压力锅，确实是不错的选择。其实电压力锅是传统高压锅和电饭煲的升级换代产品，它快速、安全、节能，还能满足我们多方面的熬粥要求，比如控制粥的软烂程度，还可以开启预定功能、保温功能等。

电饭煲，熬粥最方便

电饭煲具有使用方便、清洁卫生、功能多样等特点，用来煮粥，需要注意的是，将米和水按照一定比例放入锅内，沸腾后需要将盖子打开并不时搅拌几下。

粗粮细做营养美味

　　"粗粮"正成为人们餐桌上的新宠，但是"粗粮"吃起来不像"细粮"那样顺口，感官性状也较差，消化吸收率亦相应下降，而粗粮"细做"，既改善了口感，又有助于消化，还不会损失太多营养。

　　粗粮细做，不是把粗粮进行深度精细加工，而是粗粮与细粮搭配，并采用科学的烹饪方法，保留粗粮中的维生素、矿物质和膳食纤维，保持其原本的健康特性。

　　熬粥是粗粮细做的好方式：可将小米和大米一起煮成二米粥。还可用谷类、豆类为主料，加入白果、百合、莲子、桂圆等，再配上蜜饯食品做成的八宝粥。

　　黑米：黑米较硬且粗糙，用来煮饭并不太合适，熬粥较好。将高粱米或黑米与东北米按1：10的比例一起熬粥，或将黑米和鸡、鱼等放在一起煲汤，口味独特，营养丰富全面。

　　糙米：糙米饭要煮得可口，最好先将糙米浸2小时。糙米或红米可单独煮食，或与白米混合煮饭、熬粥均可。取适量糙米熬30分钟左右，再与大米一起熬成粥，口感较好。

　　玉米也是细做的好材料：面粉加上玉米粉做成蒸糕；用适量的黄豆粉混合做成窝头；将玉米面兑入凉水搅开至没有疙瘩后，再倒入烧开水的锅里，与冬瓜粒、花生米、瘦肉粒等材料一起煮，便可做成营养又美味的玉米粥。

　　烹煮粗粮时要避免加入大量油脂、糖、精面粉、米粉、纯淀粉等，否则粗粮的保健优势就不复存在了。

熬煮好粥的秘诀

随着对健康饮食的关注，人们越来越意识到经常喝粥，对人体绝对是大有裨益的好习惯。不过不少人以为，煮粥只是简单的米和水的相加，殊不知当中的学问很大。从米、器具的选用，到用水量、火候、时间的把握等，都直接影响煮出来的粥品口感和味道的好坏。

食材的学问

熬煮一碗鲜香的粥，首先要选好食材。常用于烹制粥的主料有大米、糯米、小米、薏米、糙米等。选购时要仔细辨别，购买优质的谷物。配料一般有河鲜海鲜、禽类、畜类等。需购买新鲜优质的配料。

水的用法

一般人都习惯用冷水煮粥，其实最适宜煮粥的是沸水。因为冷水煮粥会煳锅底，而沸水煮就不会出现这种现象，并且沸水中氯挥发较多。

火候也讲究

煮粥时一般应先用大火煮沸，再转小火熬煮约30分钟。另外，可根据不同的火候做成不同的粥。如小火熬煮出加白果和百合的粥，能够清热降火；大火煮肉粥有低油低脂、原汁原味、口感清新的特点。

点油让粥更鲜亮

煮粥改文火后约10分钟时，点入少许色拉油，这样煮出来的粥不仅色泽鲜亮，而且入口别样鲜滑。煮粥也不易溢锅。

底、料分煮

大多数人煮粥时习惯将所有的东西一股脑全倒进锅里，好的煮粥方法并不是这样。应该将粥底和料分开处理，最后再倒一起熬煮片刻，且绝不超过10分钟，这样熬出的锅品清爽不浑浊，每样东西的味道都熬出来了又不串味。特别是辅料为肉类及海鲜时，更应粥底和辅料分开。

时间的把握

长时间熬粥，淀粉会被水解为糊精，有利于消化吸收，但易引起血糖升高，因此，对于有糖尿病患者的家庭来说，熬粥时间不可太长。对于其他人群，尤其是儿童及消化吸收能力较差的人来说，熬粥时间长一些更好。

器具的学问

烹制粥膳时，尽量用稳定性较高的陶瓷或不锈钢锅具，不要使用塑胶或铝制等易氧化的器具。

保证营养不流失

粗粮是人体获得尼克酸的一个重要手段。但普通的吃法中，尼克酸几乎完全不能释放出来。如果在熬粥时加入一点小苏打，尼克酸就能释放出一半左右。同时，小苏打还可帮助保留粮食中的维生素 B_1 和维生素 B_2，避免营养损失。

煮粥不溢锅不粘锅的窍门

在熬粥时，常遇到溢锅、粘锅恼人的问题。经常会发生溢锅、粘锅，不是把控不好，就是疏忽大意，浪费不说，还把炉灶、锅具弄脏很难清洗很让人烦心……现在给大家介绍几个小窍门。

加油法防溢锅

煮粥时稍不注意米汤就会溢出来，如果在锅里滴上几滴芝麻油，开锅后用中小火煮，那么再沸也不会溢出来了，同时煮出的米粥更加香甜可口。

温水煮粥防溢锅

煮粥时，先淘好米，待锅半开时（水温 50℃～60℃）再下米，即可防止米汤溢出来。

加勺子防溢锅

其实要想不溢锅，只需要用到一样小小的工具，就可以解决了。煮粥时用来搅拌的勺子，平常用完都会把它拿出来放在一边，其实，就把勺子放在锅里不要拿出来，由于勺子破坏了沸腾的水的运动规律，粥就不会溢出来了。这个防溢锅方法取材简单，铁勺、木头勺都可以。

降温防溢锅

在煮粥的锅上加一层金属的笼屉后再加盖，便可放心地煮粥，米汤不会再溢出。因为米汤升温沸腾上涌时，遇到温度较低的笼屉及其上方较冷的空气便会自行回落，如此反复升降而不溢出锅外。

开水煮粥防粘锅

煮粥总是粘锅底，是让人头疼的问题。偶然得知，煮粥的时候用开水煮，就不会粘锅了。回家一试，果真如此，不管是用微波炉、高压锅还是普通锅做稀饭，只要用开水煮，就不会出现粘锅煳底的情况了！

根据体质喝对粥

从药膳角度来讲，粥易于吸收，能够补养脾胃，适合长期服用。不过喝粥要根据每个人的体质不同来选择。"体质"指的是身体的形态和功能。健康养生因人而异，用来做粥的谷物含有丰富的营养，但是怎么吃、吃多少，不同的体质，需要也是不一样的。

血虚体质

和老人一样，妇女也多出现怕冷、手脚畏寒等情况，但与老人不同的是，妇女怕冷则多由血虚体质所致，还会伴有面色苍白无华或萎黄、唇色淡白等表现。此类人群进补应多食补血益气、滋阴补阳的食物，如桂圆、大枣和阿胶等，推荐喝黄豆莲子大枣粥、山药乌鸡粥等。

肾阳虚体质

老人在冬天时多怕冷、手脚畏寒，老人畏寒多因是肾阳虚体质，可以喝一些轻补和温补的粥膳，如豆类、栗子、猪肉、猪腰、虾、墨鱼等，比较适合喝糯米红豆粥、栗子花生粥、皮蛋瘦肉粥等。

阴虚体质

阴虚体质的人常常表现为体形消瘦、面色潮红、手心脚心潮热，经常会出现失眠多梦的情况，这类人群比较合适吃滋阴润燥、养阴清热的食物，如莲藕、银耳、百合、雪梨、蜂蜜、甘蔗、鱼类等，推荐喝莲藕大骨粥、百合绿豆薏米粥、生滚鱼片粥等。

气虚体质

表现为少气懒言、低声细语，说话常常是有气无力、底气不足的样子，因此要适量地多用些补气的食物。山药、扁豆、大枣都是补气的好食材，用来熬粥最适合。此外还可以用党参、黄芪、枸杞子辅以乌鸡或乳鸽炖汤或熬粥食用。这类人群适合喝山药板栗粥、枸杞莲子乌鸡粥、枸杞黄芪鸽子粥等。

血瘀体质　　**气郁体质**　　**痰湿体质**　　**湿热体质**

表现为面色灰暗、舌质暗紫、肌肤甲错、黑眼圈较重、脸颊易生雀斑。黑大豆、芋头、红白萝卜都很适合血瘀体质的人食用，此外金橘、玫瑰等具有芳香开窍功能的食物也很合适。这类人群适合喝黑豆黑米粥、芋头燕麦粥、银鱼萝卜粥等。

气郁体质的人，形体消瘦或偏胖，面色抑郁，平素性情急躁易怒，易于激动，或郁郁寡欢，胸闷不舒。多食行气的食物，如韭菜、荞麦、茴香菜、大蒜、火腿等，还可以选用佛手香、沉香、木香等煎汁，用汁液来煮粥、做饭。这人群推荐喝韭菜虾仁粥、洋葱青菜肉丝粥等。

这类体质常常表现为体型偏胖、步履沉重、喜食香甜食物、神倦、懒动、嗜睡、大便溏稀。对于这种体质的人，最适合的食材莫过于薏米和白扁豆。这类人群推荐喝扁豆大枣玉米粥、腰豆薏米百合粥、薏米鸡肉粥等。

这种体质的人往往脸上爱生痤疮、粉刺，口臭、口苦、大便黏滞，可以多吃些绿豆、赤小豆、黄瓜、冬瓜、莲菜等。湿热体质和痰湿体质有一定的共通之处，因此也可以多吃些薏米。推荐喝蒲公英绿豆粥、黄瓜肉丸粥、冬瓜火腿粥等。

健康喝粥有讲究

粥一直是中国人传统观念中健康养生的代表。现代人饮食过于精致、多量，引发许多文明病，于是清淡、少食、粗食的饮食方法成为追求健康的新主张，粥也再度受到大家的重视。那么，怎么喝粥才健康呢？粥膳虽是滋补之物，却并非多多益善。食用粥膳也要把握好尺度，一定要掌握食用粥膳的宜忌，方可补益身体，达到养生的目的。

食粥宜选对时间

粥膳在一天三餐中均可食用，但最佳的时间是早晨。因为早晨脾困顿、呆滞，胃津不濡润，常会出现食欲不佳的情况。此时若服食清淡粥膳，能生津利肠、濡润胃气、利于消化。晚上喝粥能调剂胃口。

五谷杂粮粥不宜过量食用

如过量食用五谷杂粮粥膳，会出现腹胀的情况；糯米类会引起消化不良；而豆类一次食用过多，也会引起消化不良。

不宜食用太烫的粥

常喝太烫的粥，会刺激食管，不仅会损伤食管黏膜，还会引起食管发炎，造成黏膜坏死，时间长了，可能还会诱发食道癌。

孕妇不宜食用薏米粥

薏米虽然营养丰富，但并不适合孕妇特别是孕早期食用。因为薏米中的薏仁油有收缩子宫的作用，故孕妇应慎食。

胃肠病患者忌食稀粥

胃肠病患者胃肠功能较差，不宜经常食用稀粥。因为稀粥中的水分较多，进入胃肠后，容易稀释消化液、唾液和胃液，从而影响胃肠的消化功能。

糖尿病人喝粥要适量

糖尿病患者一般更容易饿，而且粥具有消化快的特点，所以很容易让人吃了很快又想吃；粥本身在短期内还容易被身体所吸收，导致血糖迅速升高，或者波动过大。糖尿病患者要适量喝粥，每次一小碗即可。

老人不宜天天喝粥

中国有句俗话"老人喝粥，多福多寿"。人老了，消化系统衰退了，适当喝粥的确有利于消化，但如果天天如此，反而对身体不利。长期喝粥有以下不利因素：喝粥不用细嚼，缺少咀嚼会加速老年人咀嚼器官的退化；粥类食物中纤维含量较低，不利于老年人排毒。

冰粥不可多喝

冰粥是夏天的热卖食品，但它不适合体质寒凉、虚弱的老年人及孩子。冰粥喝多了不仅会使人体的汗毛孔闭塞，导致代谢废物不易排泄，还有可能影响肠胃功能。

第二章

老少皆宜的
经典粥

自从黄帝"烹谷为粥"以来，粥就一直受到人们的青睐。粥不仅具有果腹充饥的功能，还具有养生保健的作用。时常变着花样做一些营养全面、风味各异、老少皆宜的经典香粥，如皮蛋瘦肉粥、生滚猪肝粥、经典到有故事的艇仔粥等，与家人分享，既暖身、养胃、养生，更是温暖着家人的心。

男人爱吃指数 ★★★★☆ | 小孩爱吃指数 ★★★☆☆

女人爱吃指数 ★★★★★ | 老人爱吃指数 ★★★★☆

滋味海鲜粥

　　鲜活的螃蟹清蒸极其美味，用来熬粥更是鲜美，如果再加入虾，不论营养还是口味都是极好的。早晨喝上这么一碗鲜美而且富含蛋白质和多种营养物质的粥，相信你一整天都是精力充沛、精神满满的。

原料
大米 150 克，肉蟹 2 只，虾 150 克，姜、葱各适量

调料
食盐、白胡椒粉、植物油各适量

做法
1. 大米洗净后沥干水分，加入少许植物油和食盐腌渍半小时。将螃蟹清洗干净，斩件，再将虾仁剥出，姜洗净切丝，葱切成葱花，备用。
2. 砂锅内加入足量的清水烧开，倒入腌好的大米，大火煮开后转小火煮 1 ~ 1.5 小时，期间不断搅动以防粘锅，熬至粥软烂黏稠即可。
3. 加入处理好的蟹和姜丝煮 8 分钟，再放入虾仁煮熟后关火。
4. 最后撒上葱花，加入食盐、少许胡椒粉调味即可。

生活小贴士

　　这道粥食材要求非常严格，虾、蟹要鲜活且处理干净，煮出来的粥才会鲜美好吃。粥要趁热吃，凉了腥气就会重。

佐粥小食推荐：

西芹黑木耳

凉拌五香牛肉

香芋排骨粥

香芋营养丰富，色、香、味俱佳，曾被人认为是"蔬菜之王"。用其与排骨一起炖、烧，其味香而不腻，酥而不烂。用芋头和排骨做的这款粥，润燥、健脾补气，特别适合秋季喝。

| 男人爱吃指数 ★★★☆☆ | 小孩爱吃指数 ★★★★☆ | 女人爱吃指数 ★★★☆☆ | 老人爱吃指数 ★★★☆☆ |

 原料

粳米 100 克，排骨 200 克，香芋 150 克，生姜、香葱适量

调料

植物油 100 克，鸡精、食盐、香油各适量

 做法

① 粳米洗净后沥干水分，加入少许植物油和食盐腌渍半小时。香芋削去外皮，切块后洗净，放入油锅中以小火炸至外皮金黄色，捞出沥干油分备用。

② 排骨洗净，切块，放入冷水锅中，大火煮开，待有很多浮沫后捞出排骨，用温水冲洗干净备用；生姜去皮切片，香葱洗净切碎备用。

③ 砂锅中的水煮开后放入腌好的粳米，转小火煮 20 分钟，再放入焯过水的排骨和姜片继续煮半小时。

④ 放入炸好的香芋块一起煮 10 分钟，最后加入葱末、食盐、鸡精，淋少许香油即可。

生滚猪肝粥

猪肝含有多种营养物质,富含维生素A和微量元素铁、锌、铜,具有补肝明目、养血等功效,具有营养保健功能,是最理想的补血佳品之一。这款粥适宜气血虚弱、面色萎黄、缺铁性贫血者食用。

原料 …………………
大米 100 克,猪肝 200 克,葱少许

调料 …………………
食盐、植物油、味精、胡椒粉、酱油、料酒、淀粉各适量

做法 …………………

❶ 大米洗净后沥干水分,加入少许植物油和盐腌渍半小时。

❷ 猪肝洗净切片,放碗内,加入胡椒粉、酱油、料酒、淀粉、食盐抓匀;葱洗净,切葱花。

❸ 砂锅中加入适量清水,大火烧开后放入腌渍好的大米,大火煮开后转小火煮 1 ~ 1.5 小时,期间不断搅动以防粘锅,熬至粥黏稠。

❹ 放入猪肝片,待猪肝熟透,加食盐、味精调味,放入葱花即可。

| 男人爱吃指数 ★★★☆☆ | 小孩爱吃指数 ★★★☆☆ | 女人爱吃指数 ★★★★☆ | 老人爱吃指数 ★★★★☆ |

男人爱吃指数 ★★★☆☆　小孩爱吃指数 ★★★★☆

女人爱吃指数 ★★★★★　老人爱吃指数 ★★★★☆

栗子鸡肉粥

　　栗子具有良好的养胃、健脾、补肾、强筋等作用。栗子和鸡肉都是性质平和的食材，不论是对老人、孩子，还是年轻人，这款粥都是不错的选择。

原料

鸡胸肉100克，板栗100克，大米100克，葱丝、姜丝各适量

调料

食盐、芝麻油、料酒、植物油各适量

佐粥小食推荐：

凉拌菠菜

做法

❶ 大米洗净后沥干水分，加入少许植物油和食盐腌渍半小时。栗子去壳去衣，再将鸡胸肉洗净。

❷ 锅中加入适量水烧开，放入鸡胸肉，加葱丝、姜丝、食盐、料酒煮熟，捞出，凉凉后加入剩余的油腌渍15分钟。

❸ 砂锅中加入适量清水，大火烧开后放入腌渍好的大米与栗子，大火煮开后转小火煮1～1.5小时，期间不断搅动以防粘锅。

❹ 加入芝麻油、食盐调味，再加入拌好的鸡肉，拌匀即可。

生活小贴士

　　选用外观饱满圆润的板栗，吃起来口感更加松化香甜。栗子仁去衣的好办法：将开水倒入装有去壳的栗子仁的盆中，泡一会儿，用勺子捞起1颗栗子仁，用手指一挤栗子衣就脱落了，剥一个捞一个。

黄花菜咸肉粥

黄花菜有清热利尿、解毒消肿、止血除烦、宽胸膈、养血平肝、利水通乳、利咽宽胸、清利湿热等功效，是预防中老年人疾病和延缓机体衰老的佳品。

原料

糯米 100 克，咸肉 50 克，干黄花菜 20 克，葱花、姜丝各适量

调料

食盐、植物油、料酒、鸡精各适量

做法

❶ 糯米洗净后沥干水分，加入少许植物油和食盐腌渍半小时。咸肉洗净，浸去一部分盐分，切丁，黄花菜浸泡好，洗净，切段。

❷ 砂锅放适量水，大火烧开后放入腌渍好的糯米，大火煮开后转小火煮半小时。

❸ 锅里油热，放下姜丝、肉丁煸炒。待咸肉转色，盛出，放入砂锅，煮 15 分钟，放下黄花菜，加料酒，大火煮开，小火煮 20 分钟，边煮边搅拌一下，防止粘锅底。

❹ 加食盐、鸡精调味，撒上葱花即可。

| 男人爱吃指数 ★★☆☆☆ | 小孩爱吃指数 ★★★☆☆ | 女人爱吃指数 ★★★☆☆ | 老人爱吃指数 ★★★★★ |

莲子黑米粥

莲子和黑米一同煮粥,具有补气养血、强身健体的功效。常食对妇女血虚贫血、气血亏虚、月经不调、产后体虚有一定疗效。

原料

莲子 30 克,黑米 50 克,
糯米 50 克

调料

白糖适量

做法

① 将黑米、糯米洗净,
用清水浸泡 2 小时;
莲子用温水浸泡 20 分
钟,去心。

② 锅中加适量清水烧开,
放入黑米和糯米,用
大火煮沸后,换小火
煮半小时。

③ 加入莲子,继续煮 20
分钟后,加入白糖拌
匀即可。

男人爱吃指数 ★★☆☆☆ | 小孩爱吃指数 ★★★☆☆ | 女人爱吃指数 ★★★☆☆ | 老人爱吃指数 ★★★★★

虾干菜粒粥

虾干是著名的海味品，它肉质松软、容易消化、富含蛋白质、钙、磷等对人体有益的维生素和矿物质。虾仁的鲜红与菜心粒的青绿交相辉映，颜色明丽，且虾肉鲜甜爽口，是非常清爽的一道粥。

原料

大米 100 克，虾干 30 克，广东菜心 4 根

调料

香油、食盐、植物油各适量

做法

❶ 虾干洗净，用温水浸泡 3 小时，泡至虾干回软。菜心洗净，焯水，挤去多余的水分，切碎备用。

❷ 大米洗净后沥干水分，加入少许植物油和食盐腌渍半小时。

❸ 砂锅内加入足量的清水烧开，倒入腌好的大米，大火煮开后转小火煮 1 ~ 1.5 小时，期间不断搅动以防粘锅，熬至粥软烂黏稠即可。

❹ 加入泡好的虾干煮 15 分钟，加入切碎的菜心稍煮，最后加入香油和食盐调味即可。

生活小贴士

菜心需先焯水以去除青涩味，这样煮出的粥没有青涩的味道。

佐粥小食推荐：

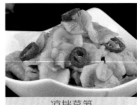

凉拌莴笋

素拌南瓜苗

男人爱吃指数 ★★☆☆☆　小孩爱吃指数 ★★★★★
女人爱吃指数 ★★★★☆　老人爱吃指数 ★★★★☆

男人爱吃指数 ★★★☆☆ | 小孩爱吃指数 ★★★☆☆

女人爱吃指数 ★★★★☆ | 老人爱吃指数 ★★★★★

生滚牛肉粥

　　生滚粥是将预先煮好的粥底加入新鲜肉料滚后片刻离火而成。做法既保存了食材原来的鲜美度，又不会破坏其营养物质，非常的鲜香好吃。牛肉有补中益气、滋养脾胃、强健筋骨的功效，所以这款粥适宜气短体虚、筋骨酸软、贫血久病及面黄目眩之人食用。

原料

大米 100 克，牛肉 200 克，姜片、葱花各适量

调料

植物油、食盐、干淀粉、生抽、胡椒粉各适量

做法

① 大米洗净后沥干水分，加入少许植物油和食盐腌渍半小时。

② 牛肉洗净，切薄片，加入干淀粉、植物油、生抽抓拌均匀，腌渍 5 分钟，之后加入姜片拌匀后继续腌渍 10 分钟。

③ 砂锅内加入足量的清水烧开，倒入腌好的大米，大火煮开后转小火煮 1 ~ 1.5 小时，期间不断搅动以防粘锅，熬至粥软烂黏稠即可。

④ 放入腌好的牛肉片，迅速划散，然后加入胡椒粉，待牛肉熟，加入葱花即可。

生活小贴士

　　切牛肉时要顺着牛肉的横纹切，把肉的纤维切断，这样口感才嫩。

佐粥小食推荐：

炸鲜奶

香芥贡菜

韭菜虾仁粥

韭菜中含有多种矿物质和维生素，可养肝护肝、补肾壮阳、散血解毒、保暖健脾；虾仁中富含优质蛋白质，可补阳气强筋骨。此粥可养肝护肝、温补阳气，极适合春季食用。

男人爱吃指数 ★★★☆☆ | 小孩爱吃指数 ★★★☆☆ | 女人爱吃指数 ★★★☆☆ | 老人爱吃指数 ★★★☆☆

原料

鲜虾5只，大米150克，韭菜少许.

调料

食盐、姜各适量

做法

❶ 将鲜虾去壳和泥肠，洗净；韭菜择洗干净，切成小段；姜洗净切末备用；大米洗净，用清水浸泡1小时。

❷ 锅中加入适量清水烧开，放入大米，用大火煮沸。

❸ 加入虾仁，改用小火熬煮。

❹ 粥将熟时，下韭菜段、食盐、姜末调好味，稍煮片刻即可。

原料

大米100克，猪大骨400克，菜干50克，皮蛋2个

调料

食盐、香油、植物油各适量

做法

1. 猪骨洗净加食盐腌渍一晚，熬大骨汤，菜干洗净，用温水浸泡2小时，拧干水分，切成小段；皮蛋剥壳，切成块，备用。

2. 大米淘洗干净，加入植物油、食盐拌匀，腌渍半小时。

3. 锅中加入足量大骨汤，大火烧开，放入腌好的大米煮半小时，放入切好的菜干段，再次煮滚后转小火煲煮1小时，加入皮蛋，煮半小时，入香油调味，即可。

| 男人爱吃指数 ★★★☆☆ | 小孩爱吃指数 ★★☆☆☆ | 女人爱吃指数 ★★★★☆ | 老人爱吃指数 ★★★☆☆ |

菜干皮蛋粥

　　菜干是用白菜晒干制成的干菜，性味甘凉，有润肺燥、清胃热的功效，是干燥冬天食补的好食材。米和皮蛋全都熬得烂烂的，吃起来香滑软烂，再加上煮透的菜干，在咸香中带些丝丝的甘甜，真的是营养又美味。

| 男人爱吃指数 ★★★★☆ | 小孩爱吃指数 ★★☆☆☆ |
| 女人爱吃指数 ★★★☆☆ | 老人爱吃指数 ★★★★☆ |

艇仔粥

　　艇仔粥是广州的著名小吃。顾名思义，艇仔粥即在小船上卖的粥。正宗的艇仔粥是在艇仔上制作的，甚至必须在艇仔里面吃。艇仔粥的配料为碎鱼肉、瘦肉、碎油条、花生、葱花，亦有加入猪皮、海蜇、碎牛肉、鱿鱼等，以粥滑软绵、芳香鲜味闻名。

佐粥小食推荐：

 原料

大米 150 克，鱼肉 50 克，猪肚 100 克，油条半根，干鱿鱼 50 克，姜丝、香芹碎各适量

炝拌藕片

凉拌黄瓜

 调料

食盐、香油、料酒、植物油各适量

做法

❶ 大米洗净后沥干水分，加入少许植物油和食盐腌渍半小时。

❷ 砂锅内加入足量的清水烧开，倒入腌好的大米，大火煮开后转小火煮 1 ~ 1.5 小时，期间不断搅动以防粘锅，熬至粥软烂黏稠即可。

❸ 猪肚处理好，用水煮熟，切成条。干鱿鱼用清水泡发，切成细丝。油条切成小段备用。

❹ 鱼洗净切成片状，加入食盐和料酒腌渍 10 分钟。

❺ 大火煮滚粥底，放入姜丝、干鱿鱼丝和猪肚条继续煮 5 分钟，之后放入鱼片，再煮 5 分钟关火。

❻ 粥中加入油条段、香芹碎和香油调味即可。

皮蛋瘦肉粥

松花蛋较鸭蛋含更多矿物质,脂肪和总热量却稍有下降,它能刺激消化器官,增进食欲,促进营养的消化吸收,中和胃酸,清凉,降压。具有润肺、养阴止血、凉肠、止泻、降压之功效。此外,松花蛋还有保护血管的作用。

原料

大米 100 克,皮蛋 2 个,瘦猪肉 50 克

调料

淀粉、食盐各适量

做法

❶ 将大米洗净后,放入水中浸泡半小时后沥水倒入锅中,加入适量的水熬煮粥底。

❷ 瘦猪肉浸泡出血水后,再冲洗干净切成肉丝,放入适量的食盐、淀粉,与肉拌均匀后腌渍 10 分钟,然后倒入另一口锅煮至颜色变浅。

❸ 皮蛋剥皮,切成小块。

❹ 粥底熬好后,放入肉丝、皮蛋和适量的食盐,再煮 1 分钟即可。

男人爱吃指数 ★★★☆☆ | 小孩爱吃指数 ★★★★☆ | 女人爱吃指数 ★★★★☆ | 老人爱吃指数 ★★★★★

八宝粥

　　八宝粥色泽鲜艳、质软香甜、清香诱人、滑而不腻，具有健脾养胃、消滞减肥、补铁补血、益气安神的功效。可作肥胖及神经衰弱者食疗之用，也可作为日常养生健美之食品。

原料

红豆50克，花生仁60克，莲子20粒，红腰豆30克，糯米80克，葡萄干适量

调料

红糖适量

做法

❶ 将红豆、糯米、红腰豆、莲子和花生仁洗净，并用水泡2小时，之后放入锅里煮1小时。

❷ 将葡萄干洗净，并放入锅中煮半小时即可。

❸ 最后加入红糖再煮5分钟即可。

| 男人爱吃指数 ★★☆☆☆ | 小孩爱吃指数 ★★★★★ | 女人爱吃指数 ★★★★★ | 老人爱吃指数 ★★★☆☆ |

百合银耳粥

百合性平，味甘微苦，能养肺阴、润肺燥、清肺热；银耳有滋阴、润肺、生津、补虚的作用。二者煮成粥有防治感冒的功效，适宜体质羸弱、阴伤咽燥者食用。

原料

百合 30 克，银耳 10 克，小米 150 克

调料

冰糖适量

做法

❶ 小米淘洗干净，用清水浸泡 1 小时；银耳用清水泡开，洗净，撕成小朵；鲜百合掰成片，洗净。

❷ 锅中加适量清水烧开，放入小米、银耳，用大火熬煮成粥。

❸ 加入百合，继续煮 10 分钟，加入冰糖调味即可。

| 男人爱吃指数 ★★☆☆☆ | 小孩爱吃指数 ★★☆☆☆ | 女人爱吃指数 ★★★★★ | 老人爱吃指数 ★★★☆☆ |

山药枸杞粥

山药枸杞粥可以增进生理活性，迅速恢复体力，消除疲劳，另外，还能帮助身体新陈代谢而达到美容的目的。

男人爱吃指数 ★★★☆☆ | 小孩爱吃指数 ★★★☆☆ | 女人爱吃指数 ★★★★☆ | 老人爱吃指数 ★★★★★

原料

小米150克，山药60克，枸杞子5克

调料

冰糖适量

做法

❶ 小米淘洗干净，用清水泡1小时；山药洗净，去皮，切块；枸杞子洗净。

❷ 锅中加适量清水烧开，放入小米、山药块，用大火烧开后，改小火煮半小时。

❸ 加入枸杞子、冰糖继续熬煮5分钟即可。

| 男人爱吃指数 ★★★☆☆ | 小孩爱吃指数 ★★★☆☆ |
| 女人爱吃指数 ★★★★★ | 老人爱吃指数 ★★★★☆ |

红豆莲子粥

这道粥有健脾补肾、利尿消肿的作用。适用于脾虚食少、便溏、乏力、肾虚尿频、遗精、心虚失眠、健忘、心悸等症。可作为病后体弱者的保健膳食，也可作为保健强身药膳。

原料

红豆 50 克，莲子 50 克，大米 100 克

佐粥小食推荐：

酸豆角肉末

调料

冰糖适量

做法

❶ 红豆、大米洗净，用清水浸泡 1 小时；莲子洗净，去心。

❷ 锅中加入适量清水烧开，放入红豆、莲子、大米，以大火煮沸后，换小火续煮半小时。

❸ 加入冰糖，用小火继续煮 5 分钟即可。

生活小贴士

优质莲子呈淡黄的本色白，闻之有一股淡淡的莲子清香而无异味，外表完整，颗粒饱满，无虫眼，莲孔小，用手抓莲子有清脆的响声，吃起来清香而甘甜。

第三章

强身健体的 滋补粥

一　说到滋补，人们大多想到鸡汤、阿胶等这些大补的食材，不过，若是补过了头，反而会伤了身体。其实温补最好的补品不过一碗粥。那碗弥散着谷物自然清香的粥，喝到肚里，轻柔而温暖地抚慰着你疲惫虚弱的身体，顿时百骸通畅，浑身充满力量，大脑复归清明，一碗清香淡雅的粥远胜一碗浓浓的参汤。千变万化的粥品，都离不了白粥做底子，搭配不同的食材，熬成各种风味的强身健体滋补粥，不仅能强健身体又能滋养心身。

为粥打好底的鲜美高汤

　　高汤是餐厅或居家烹调时必不可少的调料。高汤又叫鲜汤，不同的高汤有不同的用途，有的用于炒菜时点锅，便于翻炒均匀加热，还能提味和避免干锅；有的用于烧菜的引汤，把菜的味道勾出来；有的用于煲粥的底汤，起着调和各种粥料的"触媒"作用……

大骨高汤

材料

猪大骨 800 克　　姜 4 片　　葱适量

烹调

❶ 将猪大骨洗净后放入锅中，加入适量的清水，大火煮沸后去除血沫，捞出大骨。

❷ 将焯好的骨头放入砂锅中，加入足量清水，再加入姜、葱，大火煮沸后转小火熬煮 1.5 小时。使用时撇去浮油即可。

鸡骨高汤

材料

鸡骨架 800 克　　姜 4 片　　葱适量

烹调

❶ 将鸡骨架洗净后放入锅中，加入适量的清水，大火煮沸后去除血沫，捞出鸡骨。

❷ 将焯好的鸡骨架放入砂锅中，加入足量清水，再加入姜、葱，大火煮沸后转小火熬煮 1 小时。使用时撇去浮油即可。

干贝鸡丝粥

小米不仅营养丰富，而且本身就具有帮助消化、增加胃动力的功效，因为含铁量高，还可以养血补虚。小米可以加大枣、红薯之类熬成甜粥，也可以加入鸡丝和干贝熬成咸粥，都是养生佳品，尤其适合冬天。

| 男人爱吃指数 ★★★☆☆ | 小孩爱吃指数 ★★★★☆ |
| 女人爱吃指数 ★★★★☆ | 老人爱吃指数 ★★★★★ |

原料

小米 150 克，鸡胸肉 100 克，干贝 4 粒，姜、葱各适量

调料

食盐、鸡精各适量

做法

① 鸡肉加入葱、姜煮熟、凉凉撕成细条；干贝用清水泡软，撕成细丝；葱切葱花。

② 小米洗净，放入锅中，加入足量水，大火煮开后转中火煮，待米煮软时把鸡肉丝放入锅中与小米同煮半小时。

③ 干贝丝加入小米粥，继续煮 15 分钟；调入食盐、鸡精，搅匀，撒上葱花即可。

小米红豆粥

这款粥具有滋阴养血的功效，可以使产妇虚寒的体质得到调养，帮助她们恢复体力。

原料

小米 100 克，红豆 50 克

调料

冰糖适量

做法

❶ 将红豆、小米洗净，浸泡 1 小时。

❷ 将泡好的红豆、小米下锅加适量清水煮。

❸ 半小时后，加入适量冰糖即可。

| 男人爱吃指数 ★★☆☆☆ | 小孩爱吃指数 ★★★☆☆ | 女人爱吃指数 ★★★★☆ | 老人爱吃指数 ★★★★☆ |

腰豆薏米百合粥

百合，有润肺止咳、清心安神的功效；薏米，可祛风湿、清热排脓、健脾止泻；红腰豆，可润肺，并含高纤维，助消化。三者一起煮粥，具有清心安神、健脾益胃、润肤祛斑的功效。

原料 ·······

薏米、大米各100克，红腰豆40克，鲜百合适量

调料 ·······

蜂蜜适量

做法 ·······

❶ 红腰豆、薏米、大米洗净，用清水浸泡2小时；鲜百合洗净掰瓣。

❷ 锅中入水烧开，放入红腰豆，煮沸后改小火煮至红腰豆酥烂。

❸ 加入百合、薏米、大米，煮至薏米熟烂，加入蜂蜜调匀即可。

| 男人爱吃指数 ★★☆☆☆ | 小孩爱吃指数 ★★☆☆☆ | 女人爱吃指数 ★★★★★ | 老人爱吃指数 ★★★★☆ |

男人爱吃指数 ★★★☆☆ | 小孩爱吃指数 ★★★☆☆ | 女人爱吃指数 ★★★★☆ | 老人爱吃指数 ★★★★☆ |

莲子乌鸡粥

　　莲子、枸杞子与乌鸡一同熬粥，是一款非常营养的滋补好粥，又适合全家老小一同喝。此粥具有养心安神、益气补血、健脾益肺等作用。

原料 ----------------------------

大米 100 克，乌鸡 150 克，莲子 30 克，枸杞子 10 克，姜片适量

调料 ----------------------------

食盐、香油、植物油各适量

做法 ----------------------------

 大米洗净后沥干水分，加入少许植物油和食盐腌渍半小时。莲子泡发，除去莲心；枸杞子洗净备用。

② 将乌鸡洗净，斩件，放入锅中，加入适量清水和姜，大火煮沸后去除血沫，捞出用温水冲洗干净。

③ 将乌鸡块放入砂锅中，加入足量清水、莲子、姜片，大火煮开后转小火煮半小时。

④ 将大米加入乌鸡汤中，大火煮沸后转小火煮 60 分钟。加食盐调味，撒枸杞子煮 1 分钟即可。

白果菜粒粥

此粥不但口味香甜，而且具有祛痰、止咳、润肺、定喘等功效，有很高的食疗保健价值。

原料 ----------
大米 80 克，白果 20 克，菜心 10 克

调料 ----------
食盐、香油各适量

做法 ----------

❶ 大米淘洗干净，用清水浸泡 1 小时；白果去壳、皮、心；菜心洗净，取梗部切成粒。

❷ 锅中加适量清水烧开，放入大米，以大火煮沸，转小火熬煮半小时

❸ 加入白果、菜心粒，继续煮至粥黏稠后，加食盐、香油调味即可。

| 男人爱吃指数 ★★☆☆☆ | 小孩爱吃指数 ★★★☆☆ | 女人爱吃指数 ★★★★☆ | 老人爱吃指数 ★★★★★ |

紫米粥

紫米粥有不少食疗效用，能滋阴补肾、明目补血，是女性知己，也比较适合产妇、老人、儿童食用，可以有效地补充营养。

| 男人爱吃指数 ★★☆☆☆ | 小孩爱吃指数 ★★★☆☆ | 女人爱吃指数 ★★★★★ | 老人爱吃指数 ★★★☆☆ |

 原料

紫米、糯米各150克

 调料

白糖适量

 做法

❶ 紫米、糯米淘洗干净，用清水浸泡2小时。

❷ 锅中加适量清水烧开，放入紫米煮沸，再加入糯米，以大火煮沸。

❸ 换小火熬煮至粥成黏稠状后，放入适量白糖拌匀即可食用。

冬瓜瘦肉粥

冬瓜含维生素 C 较多，且钾盐含量高，盐含量较低，适合需要补充食物的高血压、肾脏病、水肿病等患者食之，可达到消肿而不伤正气的作用。枸杞子是治疗肝血不足、肾阴亏虚引起的视物昏花、夜盲症的良药，枸杞子还可提高机体免疫力、滋润肝肾、延缓衰老。

 原料

大米 100 克，冬瓜 150 克，瘦肉 100 克，枸杞子 10 克，姜、葱花适量

 调料

食盐、植物油各适量

做法

❶ 大米洗净后沥干水分，加入少许植物油和食盐腌渍半小时。冬瓜去皮，洗净后切成小块状。瘦肉洗净切丝，用食盐和姜腌渍 10 分钟。

❷ 在锅内加入适量的清水，用大火烧开之后放入腌好的大米和冬瓜块，大火煮滚了以后再转小火煮至粥黏稠、冬瓜酥软，加入枸杞子再煮 5 分钟。

❸ 加入腌好的瘦肉，待瘦肉熟透，加食盐、葱花调味即可。

生活小贴士

新鲜的瘦肉，肌肉色泽均匀，外表微干或微湿润。用手指按一按，凹陷能迅速恢复。闻起来有种鲜肉的正常气味。不新鲜的瘦肉有氨味或酸味。

佐粥小食推荐：

麻辣牛肚

菜根香

| 男人爱吃指数 ★★☆☆☆ | 小孩爱吃指数 ★★★☆☆ |
| 女人爱吃指数 ★★★★☆ | 老人爱吃指数 ★★★★★ |

莲子大枣粥

这款粥具有补肝肾、润五脏、滋润皮肤、使人面色红润光泽，降血脂、血糖，延年益寿等功效作用。

原料 ·································
黄豆50克，大米100克，大枣15颗，莲子20粒，桂圆5颗

调料 ·································
食盐适量

做法 ·································

❶ 黄豆、莲子洗净，用清水浸泡2小时；大米洗净，用清水浸泡1小时；大枣、桂圆洗净。

❷ 锅内加适量清水烧开，放入大米、莲子、黄豆，用大火煮至大米、莲子、黄豆均软熟。

❸ 加入大枣、桂圆煮10分钟，再加入食盐调味即可。

| 男人爱吃指数 ★★★☆☆ | 小孩爱吃指数 ★★☆☆☆ | 女人爱吃指数 ★★★☆☆ | 老人爱吃指数 ★★★★★ |

原料

大米 100 克，薏米 50 克，咸蛋 2 个

调料

食盐少许

做法

① 将大米、薏米洗净，放入水中浸泡 2 小时；将咸蛋切块，备用。

② 锅中加适量清水烧开，放入大米、薏米，以大火煮沸，换小火熬煮半小时。

③ 之后加入咸蛋，再煮 10 分钟，加食盐调味即可。

| 男人爱吃指数 ★★★☆☆ | 小孩爱吃指数 ★★☆☆☆ | 女人爱吃指数 ★★★★★ | 老人爱吃指数 ★★☆☆☆ |

薏米咸蛋粥

这款粥有利水消肿、健脾去湿、舒筋除痹、清热排脓等功效，是补身药用佳品。

生活小贴士

如果喜欢清淡，也可以不用放盐，因为盐鸭蛋比较咸。咸鸭蛋与甲鱼、李子同食，易引起中毒，因此，此粥避免与甲鱼、李子同食。

男人爱吃指数 ★★★★☆ | 小孩爱吃指数 ★★☆☆☆

女人爱吃指数 ★★★☆☆ | 老人爱吃指数 ★★★★☆

鸭肉玉米粥

鸭肉性寒,有大补虚劳、滋五脏之阴、清虚劳之热、补血行水、养胃生津等作用,适用于体内有热、上火的人食用;发低热、体质虚弱、食欲不振、大便干燥和水肿的人,食之更佳。

原料

大米 150 克,鸭肉 200 克,玉米 1 个,姜、葱各适量

调料

食盐、香油、鸡精、食用油各适量

做法

① 大米洗净后沥干水分,加入少许食用油和食盐腌渍半小时。玉米洗净,斩成小段备用。

② 将鸭肉洗净,斩件,放入锅中,加入适量清水和姜、葱,大火煮沸后去除血沫,捞出用温水冲洗干净。

③ 将鸭块放入砂锅中,加入足量清水、玉米、姜片,大火煮开后转小火煮半小时。

④ 将腌好的大米加入鸭汤中,大火煮沸后转小火煮 60 分钟。

⑤ 加食盐和鸡精调味,撒上葱花即可。

生活小贴士

鸭肉的泥腥味比较重,在焯水过程中要多放姜来去除腥味,也可以加一些萝卜块来除去腥味,同时还可以去除油腻,这样煲出来的鸭肉玉米粥,清鲜不油腻。

佐粥小食推荐:

四川泡菜　　　凉拌山蕨

男人爱吃指数 ★★★☆☆　小孩爱吃指数 ★★★☆☆

女人爱吃指数 ★★★★★　老人爱吃指数 ★★★★☆

黄豆猪肚粥

猪肚中含有大量的钙、钾、钠、镁、铁等元素和维生素A、维生素E、蛋白质、脂肪等成分，具有补虚损、健脾胃的功效。黄豆中含有的植物性蛋白质是非常丰富的，这种蛋白质能够提高人体的免疫力。用黄豆和猪肚煲粥可增强食欲、补中益气，有利强身健体。

 原料

大米100克，猪肚200克，黄豆50克，姜、葱各适量

 调料

食盐、植物油、白胡椒粉各适量

做法

1. 大米洗净后沥干水分，加入少许植物油和食盐腌渍半小时；黄豆泡发，备用。
2. 将猪肚洗净，放入锅中，加入适量清水，大火煮沸后捞出，凉凉，切条。
3. 将肚条和黄豆放入砂锅中，加入足量清水和葱姜丝，大火煮开后转小火煮60分钟。
4. 将腌好的大米加入猪肚黄豆汤中，大火煮沸后转小火煮至粥软糯黏稠。
5. 加食盐和白胡椒粉调味，撒上葱花即可。

生活小贴士

猪肚正反面都要洗，多余的脂肪要去除；黄豆最好提早浸泡一个晚上，这样煲粥的时候就容易煲烂。

佐粥小食推荐：

四川冲菜

珊瑚脆竹

莲藕猪肝粥

猪肝堪称营养宝库，优质蛋白、维生素和微量元素的含量通常比肉类更胜一筹。猪肝不但含铁量高，而且铁的吸收率也很高。

| 男人爱吃指数 ★★★☆☆ | 小孩爱吃指数 ★★☆☆☆ | 女人爱吃指数 ★★★★☆ | 老人爱吃指数 ★★★★☆ |

原料
猪肝 50 克，大米 100 克，莲藕适量

调料
食盐适量

做法

❶ 将大米提前洗净，并浸泡 1 小时。

❷ 将藕洗净切片，将猪肝洗净切片并浸泡至没有血水。

❸ 将浸泡好的大米加藕片、猪肝片开火煮 40 分钟。

❹ 之后加入适量的食盐，稍微煮 2 分种即可出锅。

原料

牛肉 150 克，糯米 200 克

调料

食盐、葱花各适量

做法

❶ 将洗净的牛肉切片，待用。
❷ 将糯米洗净，加入牛肉片一起用大火煮半小时。
❸ 之后加入葱花、适量食盐再煮 10 分钟即可。

生活小贴士

此粥避免与栗子同食，否则会引起呕吐。

| 男人爱吃指数 ★★★★☆ | 小孩爱吃指数 ★★★☆☆ | 女人爱吃指数 ★★★☆☆ | 老人爱吃指数 ★★★★☆ |

糯米牛肉粥

牛肉有补脾胃、益气、强筋骨之效。糯米主要功效有理气、润肠、通便，适用于胸膈满闷、大便秘结者。

薏米鸡肉粥

薏米能强筋骨、健脾胃、消水肿、祛风湿、清肺热；鸡肉可温中益气、补精填髓。这道粥可清热祛湿，适合秋季食用。

原料

鸡肉 200 克，薏米 50 克，大米 150 克，姜、葱花各适量

调料

料酒、食盐、胡椒粉、植物油各适量

做法

1. 大米洗净后沥干水分，加入少许植物油和食盐腌渍半小时。薏米淘净，提前泡好。
2. 鸡肉洗净，切小块，用料酒、食盐和葱姜腌渍。
3. 锅中加入适量清水大火烧开，下入大米、薏米，大火煮沸，再下入腌好的鸡肉，转中火熬煮。
4. 用小火将粥熬至黏稠时，调入食盐、胡椒粉调味，撒入葱花即可。

生活小贴士

购买已经宰杀好的鸡，要注意是否是鸡死后再宰杀的，屠宰刀口不平整，放血良好的是活鸡屠宰。刀口平整或无刀口，放血不好，有残血，血呈暗红色，则为死后屠宰的鸡。

佐粥小食推荐：

金沙玉米

韭菜炒豆芽

| 男人爱吃指数 ★★★☆☆ | 小孩爱吃指数 ★★☆☆☆ |
| 女人爱吃指数 ★★★★☆ | 老人爱吃指数 ★★★☆☆ |

原料 ···

薏米 50 克，糯米 100 克，大枣 10 颗

调料 ···

白糖适量

做法 ···

❶ 薏米、糯米淘洗干净，用清水浸泡 4 小时；大枣洗净备用。

❷ 锅中加适量清水烧开，放入薏米、糯米，用大火煮沸后，换小火熬煮成粥。

❸ 加入大枣，继续煮 5 分钟后，放入白糖拌匀即可。

|男人爱吃指数 ★★☆☆☆ |小孩爱吃指数 ★★★☆☆ |女人爱吃指数 ★★★★☆ |老人爱吃指数 ★★★☆☆ |

大枣薏米粥

　　薏米和大枣均有祛湿补心、健脾养胃的功效。将二者熬成粥，能使粥中的有效成分充分被人体吸收，同时还不会给脾胃造成任何负担。

虾肉豌豆粥

豌豆含有丰富的维生素 A 原，其可在人体内转化为维生素 A，具有润泽皮肤的作用。同时，豌豆中含有优质蛋白质，可以提高机体的抗病能力和康复能力。其富含粗纤维，能促进大肠蠕动，保持大便通畅，起到清洁大肠的作用。

原料

大米150克，新鲜豌豆50克，虾6只，葱、姜各适量

调料

食盐、植物油各适量

做法

1. 大米洗净后沥干水分，加入少许植物油和食盐腌渍半小时。将虾仁剥出，用姜和食盐腌渍10分钟，再将豌豆焯水，备用。

2. 在锅内加入适量的清水，用大火烧开之后放入已经腌好的大米，大火煮滚了以后再转小火煮至粥黏稠，期间要不停搅拌以防粘锅。

3. 加入腌好的虾仁和豌豆，待虾仁煮熟，加食盐调味，撒上葱花即可。

男人爱吃指数 ★★★☆☆ ｜小孩爱吃指数 ★★★★☆ ｜女人爱吃指数 ★★★☆☆ ｜老人爱吃指数 ★★★★☆

五色豆粥

这道粥对五脏六腑全都顾及，寒热搭配，不凉不燥，泻不伤脾胃，补不增瘀滞。长期坚持食用，能提高人体免疫力。

男人爱吃指数 ★★★☆☆ | 小孩爱吃指数 ★★☆☆☆ | 女人爱吃指数 ★★★★☆ | 老人爱吃指数 ★★★★☆

原料
绿豆、红豆、眉豆、赤小豆各50克，大米100克，陈皮10克

调料
白糖适量

做法

❶ 将绿豆、红豆、眉豆、赤小豆、大米各自洗净浸泡1小时；陈皮浸软，洗净。

❷ 锅中加水烧开后，放入所有食材同煮至熟烂。

❸ 加入白糖拌匀即可。

男人爱吃指数 ★★★☆☆ ｜小孩爱吃指数 ★★★★☆ ｜女人爱吃指数 ★★★☆☆ ｜老人爱吃指数 ★★★★☆

花生黑芝麻粥

　　这道粥中含有丰富的维生素 A、维生素 E、叶酸、钙、镁、锌、铁、纤维和蛋白质等，有健脑益智、提高身体免疫力的功效，对大脑发育和身体健康有很大帮助。

原料
花生仁 50 克，黑芝麻 5 克，大米 100 克

调料
白糖适量

做法

❶ 大米淘洗干净，用清水浸泡 1 小时；花生仁洗净，去皮；黑芝麻洗净备用。

❷ 锅中加适量清水烧开，放入大米和花生仁，以大火熬煮成粥。

❸ 加入黑芝麻、白糖，续煮 5 分钟即可。

紫菜肉丝粥

　　紫菜中含丰富的蛋白质、维生素、钙、铁等微量元素，具有抗癌和美容功效，不仅是治疗妇女儿童贫血的优良食物，而且可以促进儿童和老人的骨骼、牙齿生长和保健。

 原料

　　大米 100 克，干紫菜 20 克，瘦肉 80 克，姜丝、葱花各适量

 调料

　　食盐、香油、植物油、淀粉各适量

 做法

❶ 大米洗净后沥干水分，加入少许植物油和食盐腌渍半小时。

❷ 瘦肉洗净，切丝，加食盐、淀粉抓匀腌渍 10 分钟。紫菜清洗干净。

❸ 砂锅内加入足量的清水烧开，倒入腌好的大米，大火煮开后转小火煮 1 ~ 1.5 小时，期间不断搅动以防粘锅，熬至粥软烂黏稠即可。

❹ 将腌好的肉丝和紫菜加入粥底中，再放姜丝煮 15 分钟，最后加食盐、香油调味，撒上葱花即可。

生活小贴士

　　紫菜，以表面光滑滋润、紫褐色或紫红色、有光泽、片薄、大小均匀、入口味鲜不咸、有紫菜特有的清香、质嫩体轻、身干、无杂质者为上品。

佐粥小食推荐：

凉拌小瓜

包子

男人爱吃指数 ★★★☆☆ | 小孩爱吃指数 ★★★☆☆ |

女人爱吃指数 ★★★★☆ | 老人爱吃指数 ★★★★★ |

高粱山药粥

　　枸杞子补血明目，可增加白细胞数量，使抵抗力增强，预防疾病；山药可促进食欲、有效消除疲劳，增强体力及免疫力。体弱、容易疲劳的女士多食用此道粥品，可助常葆好气色、病痛不侵。

原料

山药 100 克，高粱米 100 克，枸杞子 10 克

调料

白糖适量

做法

❶ 将高粱米、枸杞子洗净，山药洗净去皮切片。

❷ 将洗好的高粱米和山药片放入锅中煮半小时。

❸ 放入枸杞子、白糖，继续熬 10 分钟即可。

| 男人爱吃指数 ★★☆☆☆ | 小孩爱吃指数 ★★★☆☆ | 女人爱吃指数 ★★★★☆ | 老人爱吃指数 ★★★★☆ |

人参糯米粥

人参具有补益元气、兴奋中枢神经、抗疲劳、强心等多种作用，故食用该粥对慢性疲劳综合征有良好的效果。但应注意高血压、发烧患者不宜服用。

原料

人参10克，山药粉50克、糯米150克

调料

红糖适量

做法

① 人参切条；山药粉放入碗中，加适量清水调成糊状；糯米洗净，用清水浸泡1小时。

② 锅中加适量清水烧开，放入糯米、山药粉、人参，以大火煮沸后，换小火熬煮成粥。

③ 加入红糖煮溶即可。

男人爱吃指数 ★★★☆ | 小孩爱吃指数 ★★☆☆☆ | 女人爱吃指数 ★★★★☆ | 老人爱吃指数 ★★★★☆

大枣羊骨粥

羊骨中含有磷酸钙、碳酸钙、骨胶原等成分。其性味肝温，有补肾、强筋的作用。羊骨不论是用来熬汤还是煮粥，味道鲜美，营养丰富，能益气血，补脾胃，健胃固齿，对身体虚弱的人也有很好的补益功效。

原料

大枣 15 颗，羊骨 500 克，大米 150 克，姜适量

调料

食盐、白胡椒粉、植物油各适量

做法

① 大米洗净后沥干水分，加入少许植物油和食盐腌渍半小时。大枣洗净泡发。

② 将羊骨洗净后放入锅中，加入适量的清水煮出血沫，捞出备用。

③ 将焯好的骨头放入砂锅中，加入足量清水，再加入姜大火煮沸后转小火熬煮1.5小时，熬至汤色奶白。

④ 加入腌好的大米、大枣，大火煮沸后，转小火熬煮至粥软烂。

⑤ 加食盐和白胡椒粉调味即可。

生活小贴士

新鲜的羊骨肉色鲜红而且均匀有光泽，肉质细而紧密，有弹性，外表略干，不粘手，味道新鲜，无异味。

佐粥小食推荐：

黄瓜马蹄银杏

香拌三鲜

| 男人爱吃指数 ★★★★☆ | 小孩爱吃指数 ★★☆☆☆ |
| 女人爱吃指数 ★★★★★ | 老人爱吃指数 ★★★★☆ |

原料 -------------------
薏米50克、大米100克，
山药100克

调料 -------------------
冰糖适量

做法 -------------------

❶ 薏米、大米洗净，
用清水浸泡1小时；
山药去皮、洗净，
切成块。

❷ 锅中加适量清水烧
开，放入薏米、大
米和山药，以大火
煮沸。

❸ 放入冰糖，继续煮
至粥黏稠即可。

| 男人爱吃指数 ★★☆☆☆ | 小孩爱吃指数 ★★★☆☆ | 女人爱吃指数 ★★★★☆ | 老人爱吃指数 ★★★★☆ |

山药薏米粥

此粥具有清补脾肺、甘润益阴的功效，适用于脾肺气阴亏损，午后低热、骨蒸盗汗、咳嗽、骨质疏松等症。体内浊气太多、肝火太旺、瘀血阻滞、津枯血燥、风寒实喘、小便短赤、便秘者都不适宜喝此粥。

原料

大米 150 克，黑芝麻 5 克，黄豆 30 克，大枣 15 颗

调料

白糖适量

做法

① 将黑芝麻下入锅中，用小火炒香，研末，备用；黄豆、大米淘洗干净，用清水浸泡 1 小时；大枣洗净，去核。

② 锅中加适量清水烧开，放入黄豆、大枣、大米，用大火烧沸后，换小火熬煮至黄豆烂熟，米粥黏稠。

③ 放入黑芝麻、白糖，继续煮 5 分钟即可。

| 男人爱吃指数 ★★☆☆☆ | 小孩爱吃指数 ★★☆☆☆ | 女人爱吃指数 ★★★★☆ | 老人爱吃指数 ★★★★☆ |

黄豆黑芝麻粥

　　黑芝麻含铁、维生素等，还含有多种人体必需的氨基酸，加速人体代谢；黄豆富含蛋白质、胡萝卜素等，能全面补充人体所需营养；大枣含脂肪、糖类、铁元素等，可使血中含氧量增强。三者同煮成粥，有补肝肾、润五脏、滋养皮肤、使面色红润有光泽、降血脂、降血糖、延年益寿等功效。

男人爱吃指数 ★★☆☆☆ | 小孩爱吃指数 ★★★☆☆ | 女人爱吃指数 ★★★★☆ | 老人爱吃指数 ★★★★★

黑豆桂圆粥

这款粥对于气血亏损的病人，身体虚弱的老人及病后需要调养的人，都是很好的滋补强健的食疗佳品，同时此粥也能改善中年人肾虚心悸的状况。

原料 ....
大米 150 克，黑豆 20 克，干桂圆肉 50 克

调料 ....
蜂蜜适量

做法 ....
❶ 将大米、黑豆淘洗干净，用清水浸泡 1 小时；干桂圆肉洗净。
❷ 锅中加适量清水烧开，放入大米、黑豆，以大火烧沸。
❸ 加入桂圆，转小火煮至软烂，调入蜂蜜即可。

松子仁粥

　　松子仁中含蛋白质、脂肪等营养素，有养阴、熄风、润肺、滑肠的功效。与补中益气的大米共煮成粥，调以冰糖，有补中益气、养阴等功效，常食能延年、泽肤、养发。对妇女产后便秘也有较好的疗效。

|男人爱吃指数 ★★☆☆☆ |小孩爱吃指数 ★★☆☆☆ |女人爱吃指数 ★★★★★ |老人爱吃指数 ★★★★☆ |

 原料
松子仁 20 克，大米 100 克

 调料
冰糖适量

做法

❶ 大米淘洗干净，用清水浸泡 1 小时；松子仁洗净，捣碎。

❷ 锅中加适量清水烧开，放入大米、松子仁，用大火煮沸。

❸ 加入冰糖，换小火煮约半小时即可。

虾米芹菜粥

芹菜是高纤维食物，含有丰富的膳食纤维，具有清肠利便、润肺止咳、降压降脂、健脑镇静的功效。用来熬粥，不仅营养，而且粥里有股淡淡的香芹味，风味独特。

原料

大米 100 克，芹菜 100 克，虾米 50 克

调料

食盐、香油、食用油各适量

做法

❶ 大米洗净后沥干水分，加入少许食用油和食盐腌渍半小时。

❷ 芹菜择洗干净，切成小段，虾米洗净备用。

❸ 砂锅内加入足量的清水烧开，倒入腌好的大米，大火煮开后转小火煮 1 ~ 1.5 小时，期间不断搅动以防粘锅，熬至粥软烂黏稠即可。

❹ 把芹菜和虾米加入粥底中，续煮 8 分钟，加食盐、香油调味即可。

佐粥小食推荐：

芹菜香干

双椒野生木耳

生活小贴士

选购时，优质虾米形体完整，大小均匀；肉质丰满、坚实；盐度轻；干燥，不湿黏；无虾皮壳屑等杂质；色泽光亮，呈淡黄或浅红色，特有的甜鲜味，而且肉质有弹性。

| 男人爱吃指数 ★★★☆☆ | 小孩爱吃指数 ★★★☆☆ |
| 女人爱吃指数 ★★★★☆ | 老人爱吃指数 ★★★★★ |

榛子枸杞粥

　　榛子味甘，性平，无毒，具有调中、开胃、明目的功效。所以榛子是补益脾胃、滋养气血的珍品，可用于体倦乏力、饮食减少、眼目昏花等症，治疗小儿疳积、虫积也有较好的效果。与枸杞子同煮成粥有助于治疗肝肾亏虚、视力减退。

原料

榛子仁 15 颗，枸杞子 5 克，大米 100 克

调料

蜂蜜适量

做法

1 大米淘洗干净，用清水浸泡 1 小时；榛子仁洗净；枸杞子洗净，备用。

2 将榛子仁与枸杞子一同入锅，加水煎汁。

3 将大米放入煎汁中，加适量清水，用大火烧开后改用小火熬煮成粥。

4 加入蜂蜜拌匀即可。

男人爱吃指数 ★★☆☆☆ ｜小孩爱吃指数 ★★☆☆☆ ｜女人爱吃指数 ★★★☆☆ ｜老人爱吃指数 ★★★★☆

桂圆大麦粥

据《本草纲目》记载，大麦味甘、性平，有平胃止渴，消渴除热，益气调中，宽胸下气，消积进食，补虚劣、壮血脉，益颜色，宝五脏，化谷食之功。

原料 ·································
大麦80克，大米100克，桂圆肉50克

调料 ·································
红糖适量

做法 ·································

❶ 将大麦、大米洗净，放入水中浸泡1小时。

❷ 锅中加水烧沸，放入大麦、大米，直到麦粒开裂为止。

❸ 放入桂圆肉、红糖再煮10分钟即可。

| 男人爱吃指数 ★★☆☆☆ | 小孩爱吃指数 ★★☆☆☆ | 女人爱吃指数 ★★★★☆ | 老人爱吃指数 ★★★☆☆ |

海虾扇贝粥

扇贝味道鲜美、营养丰富，含有蛋白质、维生素、钙、铁、镁、钾等多种矿物质；对于防治高血压、心脏病有一定疗效；能促进人体的新陈代谢，减缓衰老，具有养颜美容的功效。

原料

大米 100 克，扇贝 300 克，虾干 20 克，葱、姜各适量

调料

食盐、植物油、白胡椒粉、料酒各适量

做法

❶ 大米洗净后沥干水分，加入少许植物油和食盐腌渍半小时。将扇贝清洗干净，切丁，用料酒、葱、姜腌渍去腥；虾干用温水泡软。

❷ 砂锅内加入足量的清水烧开，倒入腌好的大米，大火煮开后转小火煮 1 ~ 1.5 小时，期间不断搅动以防粘锅，熬至粥软烂黏稠。

❸ 加入处理好的扇贝、海虾煮 10 分钟，加入食盐、少许白胡椒粉调味即可。

| 男人爱吃指数 ★★☆☆☆ | 小孩爱吃指数 ★★☆☆☆ | 女人爱吃指数 ★★★★☆ | 老人爱吃指数 ★★★★☆ |

第四章

对症调养的食疗粥

俗话说对症下药，有什么病因就做什么调养。粥也是如此，一碗粥能调养五脏六腑，调理身体上的各种小毛病。比如预防高血压要喝咸鱼干大米粥、活血化瘀要喝山楂枸杞粥、止呕化痰要喝生姜大枣粥等等。本章介绍了数十款对症调养的食疗粥，让你轻松做出美味又营养的粥膳。

咸鱼干大米粥

　　鱼干含有丰富的镁元素，对心血管系统有很好的保护作用，有利于预防高血压、心肌梗死等心血管疾病。常吃鱼肉还有养肝补血、泽肤养发的功效。

| 男人爱吃指数 ★★☆☆☆ | 小孩爱吃指数 ★★★☆☆ | 女人爱吃指数 ★★★☆☆ | 老人爱吃指数 ★★★★★ |

原料 ┄┄┄┄┄┄┄┄┄┄┄┄┄┄┄┄┄┄┄┄┄┄┄┄

大米 100 克，咸鱼干 150 克，高汤 1500 毫升，葱白适量

调料 ┄┄┄┄┄┄┄┄┄┄┄┄

食盐、植物油各适量

做法 ┄┄

❶ 大米洗净后沥干水分，加入少许植物油和食盐腌渍半小时。

❷ 咸鱼干洗净，用温水浸泡，去掉多余的盐分，切成小块。

❸ 砂锅内加入高汤烧开，倒入腌好的大米，大火煮开后转小火煮半小时，加入咸鱼干煮 1 小时。期间不断搅动以防粘锅，熬至粥软烂黏稠。

❹ 加入葱白、食盐调味再稍煮，即可。

原料

荞麦 150 克，干桂圆肉 30 克

调料

白糖适量

做法

① 荞麦洗净，用清水浸泡 1 小时；干桂圆肉洗净。

② 荞麦放入锅中，加适量清水，以大火煮至沸腾。

③ 放入干桂圆肉，换小火煮至粥黏稠后，加适量白糖调味即可。

| 男人爱吃指数 ★★★☆☆ | 小孩爱吃指数 ★★☆☆☆ | 女人爱吃指数 ★★★☆☆ | 老人爱吃指数 ★★★★☆ |

荞麦桂圆粥

这道粥中含有大量的芦丁、纤维素、硒及维生素等营养物质，不仅适用于防治高血脂、高血压和糖尿病等，还可防治肥胖，消化脂肪并保持心血管正常。

淡菜粥

淡菜中含一种具有降低血清胆的 7- 胆固醇和 24- 亚甲基胆固醇，这两种物质兼有抑制胆固醇在肝脏合成和加速排泄胆固醇的独特作用，从而使体内胆固醇下降。淡菜适宜中老年体质虚弱、气血不足、营养不良之人和高血压病、动脉硬化、耳鸣眩晕之人食用。

男人爱吃指数 ★★☆☆☆　小孩爱吃指数 ★★★☆☆

女人爱吃指数 ★★★☆☆　老人爱吃指数 ★★★★★

原料

大米 100 克，淡菜 100 克，高汤 1500 毫升，葱适量

调料

食盐、植物油、香油、黄酒各适量

做法

① 将淡菜浸软清洗后，加适量黄酒浸泡半小时，再上笼蒸制 20 分钟左右。

② 大米洗净后沥干水分，加入少许植物油和食盐腌渍半小时。

③ 砂锅内加入高汤烧开，倒入腌好的大米，大火煮开后转小火煮 1 ~ 1.5 小时，期间不断搅动以防粘锅，熬至粥黏稠。

④ 将淡菜加入粥底中续煮半小时，加入葱花稍煮，加入食盐、香油调味即可。

生姜大枣粥

这道粥能解表发汗、疏散风寒、止呕化痰。适用于外感风寒、鼻塞流涕、咳嗽痰稀、食欲不振，也可用于胃寒呕逆。

|男人爱吃指数 ★★★☆☆ | 小孩爱吃指数 ★★☆☆☆ | 女人爱吃指数 ★★☆☆☆ | 老人爱吃指数 ★★★☆☆ |

原料
大枣10粒，大米150克，生姜适量

调料
食盐适量

做法

❶ 大米洗净，用清水浸泡1小时；大枣去核，洗净；生姜切成小粒。

❷ 锅中加适量清水烧开，放入大米，以大火熬煮成粥。

❸ 加入生姜粒和大枣，换小火煮半小时后，加适量食盐调味即可。

腐竹白果荞麦粥

白果具有通畅血管、改善大脑功能、延缓老年人大脑衰老、增强记忆能力、治疗老年痴呆症和脑供血不足等功效，白果还有抗衰老的本领。这款粥不单单是一碗清淡的白粥，还能益肺气、定喘咳、养胃固肾气。

原料

大米 50 克、荞麦 20 克，腐竹 40 克，白果 100 克，高汤 1200 毫升

调料

食盐少许

做法

❶ 腐竹提前用清水浸泡，发涨，然后切成段备用。白果剥出果仁，焯烫一下，剥去褐色外衣。大米浸泡 3 小时备用。

❷ 锅中加入足量高汤煮开，倒入泡好的大米、荞麦、白果和腐竹，大火煮开后转中小火煮 60 分钟至粥软烂黏稠，加入少许食盐调味即可。

| 男人爱吃指数 ★★☆☆☆ | 小孩爱吃指数 ★★☆☆☆ | 女人爱吃指数 ★★★★☆ | 老人爱吃指数 ★★★★★ |

百合杏仁粥

　　这道粥有润肺止咳、清心安神的功效。适用于久咳、干咳无痰、气逆微喘等患者食用。

| 男人爱吃指数 ★★★☆☆ | 小孩爱吃指数 ★★★☆☆ | 女人爱吃指数 ★★☆☆☆ | 老人爱吃指数 ★★★★☆ |

原料

鲜百合 20 克，杏仁 10 粒，大米 100 克

调料

白糖适量

做法

① 鲜百合洗净，掰成小瓣；大米洗净，用清水浸泡 1 小时。

② 锅中加适量清水烧开，放入大米，用大火煮至软烂。

③ 加入百合瓣、杏仁，继续煮至沸腾。

④ 加入适量白糖拌匀即可。

原料 ┈┈┈┈┈┈┈┈┈┈┈┈┈┈

大米 100 克，鲜百合、鲜藕、枇杷肉各 30 克

调料 ┈┈┈┈┈┈┈┈┈┈┈┈┈┈

白糖、淀粉各适量

做法 ┈┈┈┈┈┈┈┈┈┈┈┈┈┈

❶ 大米淘洗干净，用清水浸泡约 1 小时；鲜藕去皮，洗净，切片；枇杷肉洗净，切小块；鲜百合瓣成片，洗净。

❷ 锅中入水烧开，下入大米、鲜藕片，继续煮至软熟。

❸ 加入鲜百合、枇杷肉，换小火熬至快熟时，放入适量淀粉、白糖调匀即可。

| 男人爱吃指数 ★★☆☆☆ | 小孩爱吃指数 ★★★★☆ | 女人爱吃指数 ★★★☆☆ | 老人爱吃指数 ★★★★☆ |

枇杷止咳粥

鲜百合能补中润肺、镇静止咳；枇杷肉能润燥清肺、止咳降逆；莲藕则有补心生血、健脾养胃之功。此方对老年肺气肿伴咳嗽、咯痰、胸闷、气急、心累、食欲下降等症状，有一定的缓解作用。

蔬菜肉丝粥

洋葱性温，味辛甘。有祛痰、利尿、健胃润肠、解毒杀虫等功能，洋葱提取物还具有杀菌作用，可提高胃肠道张力、增加消化道分泌作用。此外，洋葱所含的微量元素硒是一种很强的抗氧化剂，能清除体内的自由基，增强细胞的活力和代谢能力，具有防癌抗衰老的功效。

| 男人爱吃指数 ★★★☆☆ | 小孩爱吃指数 ★★☆☆☆ | 女人爱吃指数 ★★★★☆ | 老人爱吃指数 ★★★★☆ |

原料
大米100克，瘦肉100克，洋葱50克，青菜40克

调料
食盐、植物油、鸡精各适量

做法

1. 大米洗净后沥干水分，加入少许植物油和食盐腌渍半小时。
2. 青菜洗净切碎，洋葱洗净切丝，瘦肉洗净切丝备用。
3. 锅中加入适量清水烧开，倒入泡好的大米，大火煮沸转中小火煮40分钟，下瘦肉、洋葱，煮至瘦肉变熟，加入青菜，将粥熬至软烂，调入食盐、鸡精即可。

香蕉大米粥

香蕉中含有丰富的钾和镁，各种维生素和糖分、蛋白质、矿物质的含量也很高，此粥不仅是很好的强身健脑食品，更是治疗便秘的最佳食物。

原料
香蕉 50 克，大米 100 克

调料
白糖适量

做法
❶ 香蕉去皮，切片；大米淘洗干净，用清水浸泡 1 小时。
❷ 锅中加适量清水烧开，放入大米，用大火熬煮成粥。
❸ 加入香蕉片继续煮 5 分钟后，加适量白糖拌匀即可。

荔枝大米粥

荔枝含有较多的葡萄糖、果糖、蔗糖及丰富的维生素以及叶酸，还含有柠檬酸、苹果酸和蛋白质，有治腹泻、补充能量、增强人体免疫力的功效。

原料
荔枝肉 10 克，大米 100 克，枸杞子 5 克

调料
白糖适量

做法
❶ 大米淘洗干净，用清水浸泡 1 小时；荔枝肉洗净。
❷ 锅中入水烧开，放入大米，以大火熬煮成软烂。
❸ 放入荔枝肉、枸杞子，转小火熬煮，待荔枝肉软烂后放入白糖拌匀即可。

| 男人爱吃指数 ★★★☆☆ | 小孩爱吃指数 ★★★☆☆ | 女人爱吃指数 ★★★★☆ | 老人爱吃指数 ★★★★☆ |

排骨山药粥

　　山药素有"理虚之要药"的美誉，山药含蛋白质、钙、铁、胡萝卜素及维生素等多种营养成分，有滋肾益精、降低血糖等作用，是糖尿病人的食疗佳品。

原料

大米 100 克，排骨 200 克，山药 100 克，姜片、葱花各适量

调料

食盐、植物油各适量

做法

1 将大米清洗干净后，倒去洗米水加少许食盐、植物油拌匀，腌渍半小时。

2 排骨清洗干净，剁小块，入沸水锅中焯熟，捞起。山药去皮，洗净，切小条，入清水中浸泡片刻，沥水，备用。

3 锅置火上，加适量清水烧沸，倒入焯好的排骨、姜片，转中火炖煮 40 分钟。

4 加入腌渍好的大米，小火慢熬煮 50 分钟后，放入山药条，盖上锅盖，再续炖煮 10 分钟，撒上食盐、葱花调味，即可出锅。

莲藕山楂粥

　　此粥有益气养阴、健脾开胃的特点，可治疗老年体虚、食欲不振、大便溏薄、热病口渴等。藕性凉，味甘微涩，含有鞣质及天门冬酰胺等成分，有较好的收涩止血作用，并能清热生津、凉血止血。

| 男人爱吃指数 ★★☆☆☆ | 小孩爱吃指数 ★★☆☆☆ | 女人爱吃指数 ★★★☆☆ | 老人爱吃指数 ★★★★★ |

原料

鲜莲藕 50 克，山楂糕 30 克，大米 100 克

调料

白糖适量

做法

❶ 先将莲藕刮净，切成薄片；再将大米淘洗好，两者同下锅用水煮 20 分钟。

❷ 将山楂糕切片倒入粥里小火煮化。放入山楂糕后粥容易煳底，要不时地用勺子搅拌一下。

❸ 当白色的粥成了深粉色，加适量白糖拌匀即可。

原料

大麦仁 50 克，大米 150 克

调料

白糖适量

做法

① 大麦仁和大米淘洗干净，用清水浸泡 1 小时。

② 锅中加适量清水烧开，放入大麦仁，以大火煮沸。

③ 放入大米，换小火熬煮 20 分钟，加适量白糖拌匀即可。

| 男人爱吃指数 ★★☆☆☆ | 小孩爱吃指数 ★★★☆☆ | 女人爱吃指数 ★★★★☆ | 老人爱吃指数 ★★★★☆ |

大麦仁粥

大麦仁粥除了含有丰富的维生素之外，还含有过氧化物酶、细胞色素氧化酶等，有助消化、平胃止渴、消渴除热等作用，对消化性溃疡有很好的疗效。

男人爱吃指数 ★★★★☆ | 小孩爱吃指数 ★★★☆☆

女人爱吃指数 ★★★★☆ | 老人爱吃指数 ★★★★★

益气羊肉粥

羊肉具有温阳益气、补血长肉的功效，是一种滋补强壮食品。山药具健脾、补肺、固肾、益精等功效。二者与粳米共煮成粥，具有益中补气、健脾胃、补肺的作用。常食此粥能延年益寿。

原料
大米 100 克，山药 150 克，羊肉 200 克，葱花、姜末各适量

调料
食盐、植物油、胡椒粉、味精各适量

佐粥小食推荐：

爽脆萝卜皮

做法

① 大米洗净后沥干水分，加入少许植物油和食盐腌渍半小时。将山药去皮洗净，切小块，备用。

② 将羊肉洗净，切块，下入油锅煸炒，加入食盐、葱花、姜末继续煸炒至熟透。

③ 砂锅内加入足量的清水烧开，倒入腌好的大米和山药，大火煮开后转小火煮熬至粥软烂黏稠。

④ 再加入炒熟的羊肉煮沸，加入味精、胡椒粉调味，撒上葱花即可。

生活小贴士

将生羊肉用冷水清洗几遍后，切成片、丝或小块装盘，用适量料酒和小苏打拌匀，待羊肉充分吸收调料后，可充分去除羊肉中的膻味。

男人爱吃指数 ★★☆☆☆ | 小孩爱吃指数 ★★★☆☆ | 女人爱吃指数 ★★★★☆ | 老人爱吃指数 ★★★★☆

美颜玉米粥

这道粥中富含烟酸，能降低血清胆固醇的浓度、甘油三酯等；含有的玉米黄素，可有效地对抗老年性视网膜黄斑病变。另外，这款粥非常适合需要祛湿又想减肥的女性。

原料

大米 150 克，玉米粒 50 克，枸杞子
5 克

调料

食盐适量

做法

1. 大米淘洗干净，用清水浸泡 1 小时；玉米粒、枸杞子洗净。
2. 锅中加适量清水烧开，放入大米，用大火煮至米软熟。
3. 加入玉米粒，换小火煮 15 分钟，加入枸杞子和适量食盐即可。

百合薏米粥

百合能利湿消积、宁心安神、促进血液循环。与绿豆、薏米合用，有清热解毒、消渴利尿、祛湿疹和青春痘的功效。

| 男人爱吃指数 ★★★☆☆ | 小孩爱吃指数 ★★☆☆☆ | 女人爱吃指数 ★★★★☆ | 老人爱吃指数 ★★★★★ |

原料

绿豆 100 克，薏米 50 克，百合 20 克

调料

冰糖适量

做法

① 绿豆、薏米洗净，用清水浸泡 2 小时；鲜百合瓣成片，洗净。

② 锅中加适量清水烧开，放入绿豆、薏米，以大火烧开后换小火煮 40 分钟。

③ 加入鲜百合和冰糖，继续煮 5 分钟即可。

生活小贴士

鲜百合有股天然的苦味，可以将百合上的一层薄衣剥去，用适量食盐搓下以减轻苦味。

冬瓜薏米排骨粥

薏米是一款很好的美容佳品，除了净化肌肤外还可以促进血液循环，和具有利水消肿功效的冬瓜一起，能够达到排除体内水分的功效，对爱美的女士来说，有一定的减肥美容作用！

 原料

大米 100 克，薏米 50 克，排骨 250 克，冬瓜 100 克

 调料

食盐、植物油、姜丝各适量

 做法

❶ 大米洗净后沥干水分，加入少许植物油和食盐腌渍半小时；薏米淘洗干净，浸泡 4 小时。

❷ 排骨改小块后飞水；冬瓜去皮，洗净，切小块，备用。

❸ 砂锅内加入足量的清水，放入排骨、姜丝大火烧开，倒入腌好的大米、薏米和冬瓜，大火煮开后转小火煮 1 小时，期间不断搅动以防粘锅，熬至粥软烂黏稠。

❹ 加食盐调味即可。

生活小贴士

在选购冬瓜时，外形匀称、没有斑、肉质较厚、瓜瓤少，肉质坚实者为佳。

佐粥小食推荐：

手撕鸡

蒜泥茄子

| 男人爱吃指数 ★★★☆☆ | 小孩爱吃指数 ★★★☆☆ |
| 女人爱吃指数 ★★★★☆ | 老人爱吃指数 ★★★★☆ |

山楂桃仁粥

核桃仁有抗过敏作用，与山楂一同煮成粥，有预防粉刺和青春痘作用，适用于油性皮肤。

原料

山楂 10 克，核桃仁 10 颗，大米 100 克

调料

冰糖适量

做法

❶ 大米洗净，用清水浸泡 1 小时；核桃仁洗净；山楂洗净，切条，备用。

❷ 锅中加适量清水烧开，放入大米、核桃仁，用大火煮沸后，换小火煮至粥黏稠。

❸ 加入山楂条、冰糖煮溶即可。

荸荠红豆粥

荸荠口感甜脆，营养丰富，含有蛋白质、脂肪、粗纤维、胡萝卜素、B族维生素、维生素C、铁、钙、磷和碳水化合物。与红豆一同熬成粥，有生津润肺、化痰利肠、消食除胀、去除痤疮的功效。

原料

大米 100 克，红豆 50 克，荸荠 100 克

调料

白糖适量

做法

❶ 大米、红豆洗净，用清水浸泡 1 小时；荸荠去皮，洗净，切块。

❷ 锅中加适量清水烧开，放入所有食材，大火煮沸转小火熬煮 20 分钟，加入适量白糖拌匀即可。

荠菜小米粥

　　荠菜含有丰富的蛋白质、糖类、胡萝卜素、维生素 C 以及人体所需的各种氨基酸和矿物质，可以治疗高血压、冠心病、痢疾、肾炎等症。与小米和枸杞子同煮成粥，对治疗口腔溃疡具有良好的功效。

原料

小米 100 克，荠菜 80 克，枸杞子 10 克

调料

食盐适量

做法

① 荠菜择洗干净，切条；枸杞子洗净；小米淘洗干净，用清水浸泡 1 小时。

② 锅中加适量清水烧开，放入小米，以大火熬煮至软烂。

③ 放入荠菜条、枸杞子，加入食盐调味即可。

生活小贴士

　　如果不喜欢太重的荠菜野菜味，可以先焯水，再切碎放入锅中进行熬制，这样野菜的味会淡一些。

| 男人爱吃指数 ★★☆☆☆ | 小孩爱吃指数 ★★☆☆☆ | 女人爱吃指数 ★★★★☆ | 老人爱吃指数 ★★★★★ |

蒲公英绿豆粥

这道粥可和脾胃、祛内热，适用于脾胃不和、食欲不振、消化力弱、经常口腔溃疡的人。

男人爱吃指数 ★★☆☆☆ | 小孩爱吃指数 ★★☆☆☆ | 女人爱吃指数 ★★★☆☆ | 老人爱吃指数 ★★★★☆

原料

蒲公英 60 克，绿豆 50 克，大米 100 克

调料

冰糖适量

做法

❶ 将蒲公英洗净，放入锅中，加适量水煎汁；绿豆、大米用清水浸泡 2 小时。

❷ 锅中加适量清水烧开，放入绿豆、大米，以大火熬煮成粥。

❸ 调入蒲公英汁、冰糖即成。

莴苣祛火粥

　　莴苣味道清新且略带苦味，可刺激消化酶分泌，排毒去火功效显著，与清热消炎的皮蛋同煮成粥，对口腔溃疡能起到很好的消炎、祛火的效果。

原料
大米 100 克，莴苣 100 克，皮蛋 2 个

调料
食盐、植物油各适量

做法

❶ 大米洗净后沥干水分，加入少许植物油和食盐腌渍半小时。

❷ 莴苣去皮，洗净，切条；皮蛋去壳洗净切粒，备用。

❸ 砂锅内加入足量的清水烧开，倒入腌好的大米，大火煮开后转小火煮 1 小时，期间不断搅动以防粘锅，熬至粥软烂黏稠。

❹ 加入皮蛋续煮 20 分钟，再加入莴苣煮熟，加入食盐调味即可。

| 男人爱吃指数 ★★★☆☆ | 小孩爱吃指数 ★★☆☆☆ | 女人爱吃指数 ★★★★☆ | 老人爱吃指数 ★★★★☆ |

男人爱吃指数 ★★★☆☆　小孩爱吃指数 ★★☆☆☆

女人爱吃指数 ★★★★☆　老人爱吃指数 ★★★★☆

粉葛猪肝粥

粉葛含有淀粉、蛋白质、氨基酸及多种微量元素，具有润肠、解热退烧、降低血糖、解除肌肉痉挛等的功效，用粉葛配合猪肝煲粥，具有补血益气、补益肝肾的作用，身体虚弱酸痛者、贫血者可常喝此粥。

原料

大米 150 克，粉葛 100 克，猪肝 100 克，姜丝、葱花适量

调料

食盐、植物油、鸡精、香油各适量

做法

1. 大米洗净后沥干水分，加入少许植物油和食盐腌渍半小时。
2. 猪肝洗净切片，用食盐和姜丝腌渍 10 分钟；粉葛去皮洗净切块，备用。
3. 砂锅内加入足量的清水烧开，倒入腌好的大米，大火煮开后，加入粉葛块，转小火煮至粥软烂。
4. 放入腌好的猪肝，继续煲煮至粥成糊状时，加入食盐、鸡精拌匀，撒上葱花，淋上香油即可。

生活小贴士

粉葛不止用来煲汤、熬粥，做菜也很有味道哦，粉葛去皮切薄片，清蒸即可食用，清甜无渣，用来焖五花肉，非常香甜美味。

佐粥小食推荐：

白灼西蓝花

紫米锅巴卷

香菇鸡肉粥

香菇中含蛋白质、多种氨基酸、维生素及矿物盐、粗纤维等营养成分，是一种高蛋白、低脂肪的健康食品，其中含有的腺嘌呤，可降低胆固醇，预防心血管疾病和肝硬化。

男人爱吃指数 ★★★★☆ | 小孩爱吃指数 ★★★☆☆ | 女人爱吃指数 ★★★☆☆ | 老人爱吃指数 ★★★☆☆

原料

大米 100 克，鸡腿 2 只，香菇 50 克，姜片、葱花各适量

调料

食盐、胡椒粉、植物油各适量

做法

① 大米洗净后沥干水分，加入少许植物油和食盐腌渍半小时；香菇泡发洗净，切薄片，备用。

② 鸡腿洗净，斩件，放入锅中，加入适量的清水、姜片、葱花，大火煮沸后去除血沫，捞出备用。

③ 砂锅中的水煮开后放入腌好的米，转小火煮 20 分钟，再放入焯过水的鸡肉和姜片继续煮至粥软烂黏稠。

④ 加入香菇继续煮半小时，加食盐、胡椒粉调味，撒上葱花即可。

| 男人爱吃指数 ★★☆☆☆ | 小孩爱吃指数 ★★★☆☆ | 女人爱吃指数 ★★★★☆ | 老人爱吃指数 ★★★★☆ |

花生高粱粥

这款粥中主要含有纤维素和半纤维素、蛋白质等营养素，有补气、健脾、养胃、止泻等功效，对中老年人的骨质疏松也有一定的帮助。

原料

高粱米 100 克，花生仁 50 克

调料

食盐适量

做法

① 高粱米淘洗干净，用清水浸泡 1 小时；花生仁洗净。

② 锅中加适量清水烧开，放入高粱米、花生仁，以大火煮至软烂。

③ 放入适量食盐调味即可。

银鱼海带粥

海带是一种营养价值很高的蔬菜，其中含有丰富的碘、铁、钙、多糖等，提高免疫，促进骨骼生长，补充人体所需钙质，预防贫血，而且具有降血脂、降血糖、调节免疫、抗凝血、抗肿瘤、排铅解毒和抗氧化等多种生物功能。如果家中有紫菜也可以用其替换海带，做法相同。

原料

粳米 100 克，鲜海带 100 克，银鱼 60 克，胡萝卜 20 克

调料

食盐、香油、植物油各适量

做法

1. 粳米洗净后沥干水分，加入少许植物油和食盐腌渍半小时。
2. 海带洗净切成丝；胡萝卜去皮洗净切丝；银鱼洗净备用。
3. 砂锅中的水煮开后放入腌好的米，转小火煮 20 分钟，放入海带丝继续煮至粥软烂黏稠。
4. 加入银鱼、胡萝卜搅拌均匀稍煮，加入食盐、香油调味，即可。

男人爱吃指数 ★★★☆☆ | 小孩爱吃指数 ★★★☆☆ | 女人爱吃指数 ★★★★☆ | 老人爱吃指数 ★★★★☆

第五章

安神健脑的 益智粥

很多人都喜欢喝益智粥，不仅营养丰富，味道鲜美，做法简单，还能安神健脑，消除疲惫。不管是上班族还是学生党，卸下忙碌工作和繁重课业的担子，回到家喝上一碗热腾腾的益智粥，身心顿感舒坦。

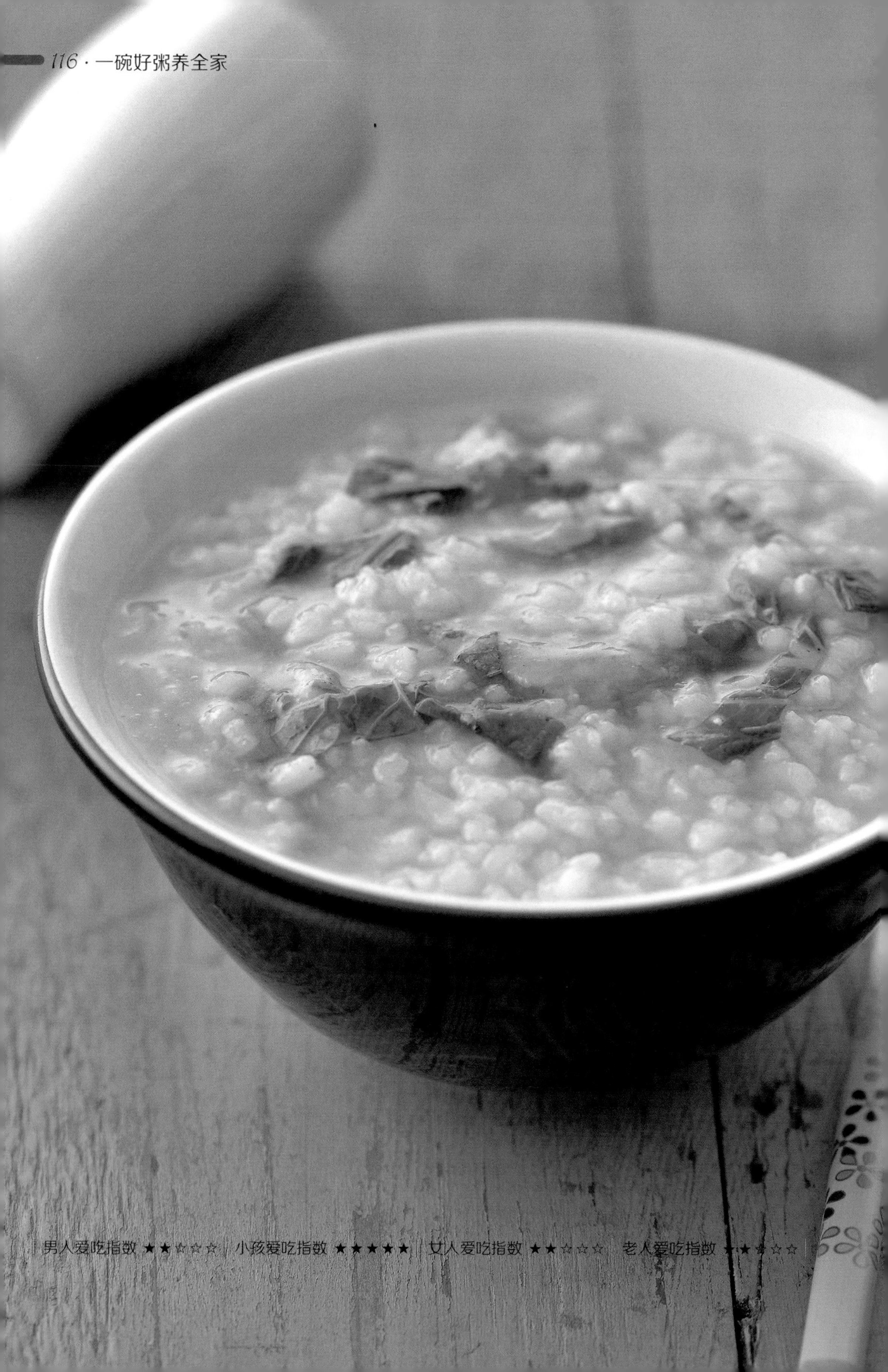

| 男人爱吃指数 ★★☆☆☆ | 小孩爱吃指数 ★★★★★ | 女人爱吃指数 ★★☆☆☆ | 老人爱吃指数 ★★☆☆☆ |

金枪鱼青菜粥

　　金枪鱼是优质的健脑保健产品。金枪鱼中含有丰富的 DHA，是大脑正常活动所必需的营养素之一，DHA 具有提高脑容量、增强记忆力、理解力等作用，经常食用，利于脑细胞的再生，提高记忆力，保护、改善儿童视力。金枪鱼肉中 DHA 的含量高，EPA 的含量低，故适合儿童和青少年食用。

原料
　　大米 100 克，青菜、金枪鱼罐头各适量

调料
　　植物油、食盐各适量

佐粥小食推荐：

芥香福果炒莲子

做法

❶ 大米洗净后沥干水分，加入少许植物油和食盐腌渍半小时。青菜洗净，切碎，备用。

❷ 砂锅内加入足量的清水烧开，倒入腌好的大米，大火煮开后转小火煮 1～1.5 小时，期间不断搅动以防粘锅，熬至粥软烂黏稠。

❸ 加入金枪鱼续煮一会儿，再加青菜拌匀煮熟即可。

生活小贴士

　　这款粥不加青菜，口感会更好些，喜欢吃蔬菜的家庭，可以根据家人的喜好搭配其他材料，比如胡萝卜、生菜、西芹等。

核桃益智粥

核桃是补脑佳品，被誉为"脑黄金"。核桃中的磷脂，对脑神经有良好的保健作用，黑芝麻中含有的脂肪大多数为不饱和脂肪酸，不饱和脂肪酸被认为拥有健脑益智的功效。二者同煮成粥，健脑益智，尤其适合儿童和青少年食用。

原料

大米 100 克，黑芝麻 15 克，核桃仁 8 颗

调料

冰糖适量

做法

❶ 黑芝麻炒香；核桃仁洗净，去杂质；大米淘洗干净，用清水浸泡 1 小时。

❷ 锅中加适量清水烧开，放入大米，以大火烧沸后换小火熬煮半小时。

❸ 放入黑芝麻、核桃仁、冰糖，搅匀，继续煮 5 分钟即可。

| 男人爱吃指数 ★★★☆☆ | 小孩爱吃指数 ★★★★☆ | 女人爱吃指数 ★★★☆☆ | 老人爱吃指数 ★★★★☆ |

牛奶玉米粥

这款粥含有丰富的优质蛋白质、脂肪、糖类、钙、磷、铁、铜及维生素 A、维生素 D、维生素 B_1、维生素 B_2 和尼克酸等，可增强骨骼、牙齿强度，对促进幼儿发育有着重要的作用。

原料

纯牛奶 200 毫升，玉米粉 80 克

调料

鲜奶油、黄油、食盐、肉豆蔻各适量

做法

❶ 将牛奶倒入锅内，加入食盐和肉豆蔻，用文火煮开。

❷ 倒入玉米粉，用文火再煮 3 ~ 5 分钟，并用勺不断搅拌，直至变黏稠。

❸ 将粥倒入碗内，加入黄油和鲜奶油，搅匀即可。

| 男人爱吃指数 ★★☆☆☆ | 小孩爱吃指数 ★★★★☆ | 女人爱吃指数 ★★★★☆ | 老人爱吃指数 ★★★☆☆ |

男人爱吃指数 ★★★★☆ | 小孩爱吃指数 ★★★★★

女人爱吃指数 ★★★★☆ | 老人爱吃指数 ★★★★☆

滑蛋牛肉粥

　　牛肉含有丰富的蛋白质，氨基酸组成等比猪肉更接近人体需要，能提高机体抗病能力，对儿童的生长发育很有益处。

原料

大米100克，牛肉150克，鸡蛋2个，葱花、姜末各适量

调料

植物油、食盐、料酒、淀粉、白胡椒粉、香油各适量

做法

❶ 大米洗净后沥干水分，加入少许植物油和食盐腌渍半小时。

❷ 牛肉洗净切成薄片，加料酒、淀粉、白胡椒粉、植物油拌匀，腌渍半小时，备用。

❸ 砂锅内加入足量的清水烧开，倒入腌好的大米，大火煮开后转小火煮1 ~ 1.5小时，期间不断搅动以防粘锅，熬至粥软烂黏稠。

❹ 将腌好的牛肉放入煮好的锅底中，加入姜末，煮至牛肉变色，再淋入打散的鸡蛋液，煮成蛋花状，加入食盐、白胡椒粉、香油调味，撒上葱花即可。

生活小贴士

　　新鲜牛肉无红点、有光泽，红色均匀、脂肪洁白或淡黄色，闻之有正常的气味，无异味；有弹性，用手指按压，指压后凹陷立即恢复。

佐粥小食推荐：

一口香

老鼠爱大米

男人爱吃指数 ★★★☆☆ ｜小孩爱吃指数 ★★★★☆ ｜女人爱吃指数 ★★★☆☆ ｜老人爱吃指数 ★★★★☆ ｜

护眼明目粥

　　黑豆有补肾强身、活血利水、解毒、滋阴明目的功效。枸杞子性味甘平，能够滋补肝肾、益精明目和养血、增强免疫力。二者同煮成粥，可用于眼睛疲劳、视力模糊等症的辅助食疗，适合少年儿童食用。

原料
糯米 100 克，黑豆 50 克，枸杞子 10 克

调料
食盐适量

做法

① 糯米、黑豆淘洗干净，用清水浸泡 1 小时；枸杞子洗净。

② 锅中加适量清水烧开，放入糯米、黑豆，以大火煮至软烂。

③ 加入枸杞子，放入适量食盐即成。

薏米核桃粥

　　大米能补脾强智，核桃仁能补肾健脑、补心益智，二者煮成粥是补虚滋阴、健脑益智之品。对思维迟钝、记忆力减退、有辅助食疗作用。

原料

大米 100 克，核桃仁 10 颗，薏米 30 克

调料

食盐适量

做法

❶ 核桃仁、薏米洗净；大米淘洗干净，用清水浸泡 1 小时。

❷ 锅中加适量清水烧开，放入核桃仁、薏米、大米，以大火熬煮至软烂。

❸ 加入适量食盐调味即可。

| 男人爱吃指数 ★★★☆☆ | 小孩爱吃指数 ★★★☆☆ | 女人爱吃指数 ★★★☆☆ | 老人爱吃指数 ★★★★☆ |

男人爱吃指数 ★★☆☆☆ ｜ 小孩爱吃指数 ★★★★★ ｜ 女人爱吃指数 ★★★☆☆ ｜ 老人爱吃指数 ★★★★☆

蘑菇鱼肉粥

常常听大人对孩子说："多吃鱼会变聪明。"，其实这并不是哄小孩子的假话，吃鱼不但会让人变得聪明，还可以保护心脑血管。这是因为鱼肉含有丰富的蛋白质，可以帮助孩子生长发育，而且其含有的DHA对大脑发育也有极大的帮助。

原料

大米100克，蘑菇100克，鱼肉200克，鸡蛋清1个，葱末、葱花、姜末各适量

调料

食盐、白胡椒粉、淀粉、香油、料酒、植物油各适量

做法

① 大米洗净后沥干水分，加入少许植物油和食盐腌渍半小时。

② 将鱼斜切成鱼片，加食盐、料酒、白胡椒粉抓至鱼肉发黏，然后加鸡蛋液抓匀，加入干淀粉拌匀，腌渍15分钟；蘑菇洗净后切片。

③ 砂锅内加入足量的清水烧开，倒入腌好的大米，大火煮开后转小火煮1～1.5小时，期间不断搅动以防粘锅，熬至粥软烂黏稠。

④ 加入腌好的鱼片和蘑菇放入粥底中煮8分钟，加入葱末、姜末，最后加食盐、香油调味，撒上葱花即可。

生活小贴士

选择新鲜的鱼肉，最好选择鱼刺少的鱼，给孩子吃时，一定要特别小心鱼肉中的小刺；鱼肉切片尽量切薄些，易熟且口感好。

佐粥小食推荐：

雪菜炒毛豆

金银馒头

桂圆玉米板栗粥

桂圆对失眠、心悸、神经衰弱、记忆力减退等有较好的疗效。板栗中磷脂，对大脑神经有良好的保健作用，这款粥非常适合学习压力大的少年儿童食用。

 原料

小米 100 克，玉米粒 50 克，干桂圆肉 30 克，板栗 10 粒

 调料

红糖适量

 做法

❶ 小米、玉米粒淘洗干净，用清水浸泡 1 小时；干桂圆肉洗净；板栗去壳，取肉。

❷ 锅中加适量清水烧开，放入上述材料，以大火煮沸后，换小火熬成粥。

❸ 加适量红糖拌匀即可。

核桃花生粥

这道粥含有丰富的维生素 E 和锌元素，是安神健脑、治疗神经衰弱的良药。适合成长期的青少年食用。

原料

大米 100 克，玉米粒 30 克，核桃仁 5 个，花生仁适量

调料

食盐适量

做法

❶ 大米淘洗干净，用清水浸泡 1 小时；核桃仁用温水浸泡，撕去外衣；花生仁、玉米粒洗净。

❷ 锅中加水烧开，放入大米、核桃仁、花生仁，以大火煮沸后，换小火煮半小时。

❸ 加入玉米粒继续煮10 分钟后，加入食盐调味即可。

| 男人爱吃指数 ★★☆☆☆ | 小孩爱吃指数 ★★★★☆ | 女人爱吃指数 ★★★☆☆ | 老人爱吃指数 ★★★★☆ |

丝瓜鲜虾粥

虾是一种蛋白质非常丰富、营养价值很高的食物，其中维生素 A、胡萝卜素和无机盐含量比较高，可以促进骨骼的生长发育，帮助智力的发育，另外，虾的肌纤维比较细，组织蛋白质的结构松软，水分含量较多，所以肉质细嫩，容易消化吸收，适合儿童食用。

原料

大米 100 克，基围虾 250 克，丝瓜 1 根，蛋清、葱花、姜各适量

调料

食盐、小苏打、淀粉、香油、植物油各适量

做法

① 大米洗净后沥干水分，加入少许植物油和食盐腌渍半小时。丝瓜去皮洗净切块，备用。

② 虾去壳去虾线，用少许小苏打抓匀后，放置 10 分钟，取出用流水不断冲洗至虾仁发白，放入食盐、姜、蛋清、淀粉、植物油抓匀，腌渍 15 分钟。

③ 砂锅内加入足量的清水烧开，倒入腌好的大米，大火煮开后转小火煮 1 ~ 1.5 小时，期间不断搅动以防粘锅，熬至粥软烂黏稠。

④ 将丝瓜加入煮好的粥底中，煮至丝瓜变软，再放入虾仁煮至虾仁变色，加少许食盐、香油调味，撒上葱花即可。

生活小贴士

挑选基围虾，首先要看新鲜度，越生猛的越新鲜；其次看颜色，颜色越深越好，正宗基围虾是青色的和微微发红的，颜色光亮而不灰暗。

佐粥小食推荐：

鲜拌桃仁

奶黄包

水果什锦粥

獭猴桃的营养价值远超过其他水果，它含有丰富的维生素 C、维生素 A、维生素 E 以及钾、镁、纤维素等，另外其还含有其他水果比较少见的营养成分——叶酸、胡萝卜素、钙、黄体素、氨基酸、天然肌醇，对孩子而言，能强化脑功能以及促进生长激素的分泌。

原料

大米 50 克，猕猴桃 1 个，苹果 1 个，芒果 1 个

调料

冰糖或白砂糖适量

做法

❶ 大米洗净，用清水浸泡 1 小时。苹果削皮去核切成丁，猕猴桃削皮切成丁，芒果取果肉，切丁。

❷ 锅里放入大米，加入适量清水，用大火煮沸再转中小火熬煮成粥，加入苹果丁、猕猴桃丁、芒果丁煮大约 5 分钟。

❸ 加入冰糖调味，煮至冰糖融化即可。

男人爱吃指数 ★★☆☆☆ | 小孩爱吃指数 ★★★★★ | 女人爱吃指数 ★★★★☆ | 老人爱吃指数 ★★★★☆

胡萝卜肉末粥

　　粥，不管对小孩或者大人，都是很好的主食，多给孩子吃青菜粥、胡萝卜瘦肉粥对孩子生长发育大有裨益。胡萝卜含有大量胡萝卜素，这种胡萝卜素在脂肪的作用下在人体内转化成维生素 A，能促进眼睛视网膜和角膜的正常代谢。

男人爱吃指数 ★★☆☆☆ ｜小孩爱吃指数 ★★★★☆ ｜女人爱吃指数 ★★★☆☆ ｜老人爱吃指数 ★★★★☆ ｜

原料

大米 150 克，瘦肉 50 克，胡萝卜一段，葱、生姜末各适量

调料

食盐、植物油、生抽、香油、玉米淀粉各适量

做法

❶ 大米提前一夜浸泡，洗净后沥干水分，加入少许植物油和食盐腌渍半小时。

❷ 胡萝卜切成小颗粒；瘦肉剁成肉末，加入少许生姜末、生抽、香油、玉米淀粉，抓匀。

❸ 锅里加适量清水煮开，倒入腌好的大米，大火煮 10 分钟，加入胡萝卜丁继续煮至粥软烂。

❹ 加入肉末，翻均匀，继续煮至黏稠，加入食盐和葱，拌匀即可。

原料 -----------------------

大米 100 克，燕麦片 30 克，黑芝麻 10 克

调料 -----------------------

白糖适量

做法 -----------------------

❶ 燕麦片用水泡开备用；黑芝麻洗净；大米淘洗干净，用清水浸泡 1 小时。

❷ 锅中加适量清水烧开，放入大米、黑芝麻，以大火煮成粥。

❸ 出锅前放燕麦，再煮 5 分钟，放入适量白糖拌匀即可。

| 男人爱吃指数 ★★☆☆☆ | 小孩爱吃指数 ★★★☆☆ | 女人爱吃指数 ★★★★☆ | 老人爱吃指数 ★★★★☆ |

黑芝麻燕麦粥

这道粥中含有丰富的蛋白质、B 族维生素、维生素 E、钙及纤维素，有助于幼儿的发育和骨骼的健康。

大枣板栗粥

板栗富含蛋白质、脂肪、碳水化合物、钙、磷、铁、锌、多种维生素等营养成分，有健脾养胃、补肾强筋、活血止血之功效。儿童常吃不仅可以增强食欲，而且能健脑益智、提高记忆力。

男人爱吃指数 ★★★☆☆ | 小孩爱吃指数 ★★★★☆ | 女人爱吃指数 ★★★★☆ | 老人爱吃指数 ★★★☆☆

原料

大枣 10 颗，板栗 20 粒，糯米 100 克

调料

白糖适量

做法

❶ 板栗蒸熟，分小块；大枣去核，洗净；糯米淘洗干净，用清水浸泡 1 小时。

❷ 砂锅入水烧开，放入糯米和蒸熟的板栗一同熬煮成粥。

❸ 大枣和白糖放入米中一起煮粥，焖 20 分钟即可。

| 男人爱吃指数 ★★★☆☆ | 小孩爱吃指数 ★★★★★ |
| 女人爱吃指数 ★★★★☆ | 老人爱吃指数 ★★★★☆ |

鳕鱼豆腐粥

鳕鱼含有满足儿童生长发育所需的各种营养素，同时鱼肉中的其他维生素、矿物质和微量元素，有助儿童的大脑发育。鳕鱼搭配豆腐和米粥，有利于儿童智力的发育。

原料

大米 100 克，内酯豆腐 1 块，鳕鱼 100 克，葱适量

调料

食盐、植物油各适量

做法

❶ 大米洗净后沥干水分，加入少许植物油和食盐腌渍半小时。

❷ 将鳕鱼洗净并去皮、剔刺，用淡盐水浸渍半小时，放蒸锅上蒸熟；内酯豆腐洗净切成小块，并用开水焯烫熟，备用。

❸ 砂锅内加入足量的清水烧开，倒入腌好的大米，大火煮开后转小火煮 1～1.5 小时，期间不断搅动以防粘锅，熬至粥软烂黏稠。

❹ 将制熟的鱼肉切成碎末，同豆腐一起放入粥底中，加食盐调味，撒上葱花即可。

生活小贴士

正常的银鳕鱼是椭圆形切片；纹路清晰说明肉质密实有弹性；鳞片分明说明鱼肉新鲜。

牛奶花生粥

花生含有大量的蛋白质和脂肪，而其所含维生素 E 和锌，能增加记忆力。这道粥具有很好的健脑益智作用，可增强记忆力，改善健忘症状。

| 男人爱吃指数 ★★☆☆☆ | 小孩爱吃指数 ★★★★☆ | 女人爱吃指数 ★★★☆☆ | 老人爱吃指数 ★★★★★ |

原料

大米 100 克，牛奶 100 克，花生仁 50 克

调料

白糖适量

做法

① 大米淘洗干净，用清水浸泡 1 小时；花生仁洗净，用清水浸泡半小时。

② 锅中注入清水烧开，放入大米和花生仁，以大火烧开，换小火煮半小时。

③ 倒入牛奶，煮开后，加入适量白糖拌匀即可。

腰果红薯粥

腰果含 20% 左右的优质蛋白质，十多种非常重要的构成脑神经细胞主要成分的氨基酸，同时还富含多种维生素及钙、磷、铁等微量元素，这款粥可补充智力、提高儿童抵抗力，增进食欲。

原料

小米 100 克，红薯 1 个，腰果 15 颗

调料

红糖适量

做法

❶ 小米淘洗干净，清水浸泡 1 小时；红薯去皮，洗净，切小块；腰果洗净，清水泡 10 分钟。

❷ 加适量清水烧开，放入小米、红薯块、腰果，用大火煮沸后，换小火继续熬煮。

❸ 煮成稠状，调入红糖拌匀即可。

| 男人爱吃指数 ★★☆☆☆ | 小孩爱吃指数 ★★★☆☆ | 女人爱吃指数 ★★★★☆ | 老人爱吃指数 ★★★☆☆ |

香菇荞麦粥

香菇具有高蛋白、低脂肪的特点，富含多糖、多种氨基酸和多种维生素，与荞麦搭配食用，有补肝肾、健脾胃、益气血、益智安神之功效。

原料

荞麦 100 克，大米 50 克，鲜香菇 50 克

调料

食盐、香油各适量

做法

① 大米提前用水浸泡 1 小时；香菇去蒂洗净，切成条。

② 锅中加适量清水烧开，放入荞麦、大米，以大火煮至沸腾。

③ 加入香菇，换小火煮至黏稠，放入食盐调味，淋上香油即可。

安神健脑粥

这道粥含有丰富的维生素 E 和锌元素，是安神健脑、治疗神经衰弱的良药，适合成长期的青少年食用。

原料

大米 100 克，玉米粒 50 克，核桃仁 5 个，花生仁 40 克

调料

食盐适量

做法

① 大米淘洗干净，用清水浸泡 1 小时；核桃仁用温水浸泡，撕去外衣；花生仁、玉米粒洗净。

② 锅中加水烧开，放入大米、核桃仁、花生仁，以大火煮沸后，换小火煮半小时。

③ 放入玉米粒继续煮 10 分钟后，加入食盐调味即可。

萝卜大骨粥

　　萝卜能促进新陈代谢、增进食欲、帮助消化，有化积滞、除燥生津的作用，对小孩肠胃有很好的调理作用，而且还能防治感冒、咳嗽等。萝卜与猪大骨一起煲粥，既营养又美味，还可以补充儿童生长发育所需钙质。

|男人爱吃指数 ★★★☆☆|小孩爱吃指数 ★★★★☆|女人爱吃指数 ★★★★☆|老人爱吃指数 ★★★★☆|

 原料

大米 100 克，猪大骨 500 克，白萝卜半根，葱、姜各适量

调料

食盐、植物油各适量

 做法

❶ 大米洗净后沥干水分，加入少许植物油和食盐腌渍半小时。白萝卜洗净，切块。

❷ 猪骨洗净后焯烫一下，锅里倒入足量清水，放入大骨、姜片、葱，大火煮开后转小火炖 1 小时。

❸ 将腌好的大米倒入骨头汤中，大火煮沸后转中小火煮 20 分钟，加入切好的白萝卜块同煮至粥软烂黏稠，加食盐、葱花调味即可。

男人爱吃指数 ★★☆☆☆ ｜ 小孩爱吃指数 ★★★★★ ｜

女人爱吃指数 ★★★★☆ ｜ 老人爱吃指数 ★★★☆☆ ｜

玉米蔬菜火腿粥

火腿肠是以畜禽肉为主要原料加工而成的肉制品，含蛋白质、脂肪、碳水化合物、各种矿物质和维生素等营养，还具有吸收率高、适口性好、饱腹性强等优点。这款粥有肉有菜，口感丰富，营养全面，非常适合儿童食用。

原料

大米 100 克，火腿肠 2 根，玉米粒 100 克，菠菜适量

调料

食盐、食用油、香油各适量

做法

❶ 大米洗净后沥干水分，加入少许食用油和食盐腌渍半小时；菠菜择洗干净，切成两段；火腿肠切长条；玉米粒洗净，备用。

❷ 砂锅内加入足量的清水烧开，倒入腌好的大米，大火煮开后转小火煮 1 ~ 1.5 小时，期间不断搅动以防粘锅，熬至粥软烂黏稠即可。

❸ 将玉米粒、火腿肠加入粥底中煮 20 分钟，再加菠菜煮熟，加入食盐、香油调味即可。

生活小贴士

选购火腿肠时，要注意包装和生产日期，选择包装完整和靠近生产日期的产品比较安全可靠。

佐粥小食推荐：

口水鸡

鸡蛋饼

蔬菜菌菇粥

　　菌菇是非常好的蛋白质补充代替品，含有丰富的氨基酸，如香菇含有丰富的 B 族维生素对提高儿童免疫力效果显著，喝一碗鲜美的菌菇蔬菜粥，清爽又营养。

 原料 ┈┈┈┈┈┈┈┈┈┈┈┈┈┈┈

大米 100 克，香菇 6 朵，胡萝卜半根，菠菜 100 克，高汤 1200 毫升

调料 ┈┈┈┈┈┈┈┈┈┈┈┈┈┈┈

食盐、食用油、香油各适量

做法 ┈┈┈┈┈┈┈┈┈┈┈┈┈┈┈

❶ 大米洗净后沥干水分，加入少许食用油和食盐腌渍半小时。

❷ 砂锅内加入高汤烧开，倒入腌好的大米，大火煮开后转小火煮 1 小时，期间不断搅动以防粘锅，熬至粥软烂黏稠。

❸ 胡萝卜、香菇洗净切成小丁，菠菜择洗干净，切成两段，备用。

❹ 将切好的胡萝卜、香菇加入煮好的粥底中，煮 15 分钟，再加入菠菜稍煮，加食盐、香油调味即可。

生活小贴士

　　菠菜焯水的目的主要是破坏其含有的对人体无益的草酸（涩味的主要成分），同时也可以祛除菠菜表面可能携带的病菌和有害物质。

佐粥小食推荐：

泡菜牛百叶

紫米烧麦

男人爱吃指数 ★★☆☆☆ ｜ 小孩爱吃指数 ★★★★☆ ｜
女人爱吃指数 ★★★☆☆ ｜ 老人爱吃指数 ★★★★☆ ｜

第六章

养血益气的 美颜粥

粥是我们日常生活中必不可少的一种美食，也是女性美容养颜最好的饮食之一。心肝脾肺与肌肤容颜息息相关，要想养颜美容，首先应增强脏腑的生理功能，而粥重在养胃健脾、益肺宁心、滋阴润燥。因此，要想养颜，粥是首选。

椰香紫米粥

紫米营养丰富，能滋阴补肾、健脾暖肝。椰汁含有糖类、蛋白质、脂肪、维生素C及钙、磷、铁、钾、镁、钠等矿物质，经常饮用可以补充细胞内液，扩充血容量，滋润皮肤，具有很好的美容养颜的作用。

原料

紫米 200 克，椰汁 150 毫升，芒果 1 个

调料

冰糖或白糖或蜂蜜适量

做法

❶ 紫米洗净，提前 4 小时浸泡。

❷ 锅中加入适量清水烧开，泡好的紫米连水一起倒入锅中，大火煮开后转中小火煮至紫米软烂。

❸ 倒入椰汁、加入适量冰糖，煮至冰糖融化。

❹ 将芒果去皮切成小块，放入紫米粥中，再淋上少许椰浆即可。

男人爱吃指数 ★★☆☆☆ ｜小孩爱吃指数 ★★★★☆ ｜女人爱吃指数 ★★★★★ ｜老人爱吃指数 ★★★☆☆

| 男人爱吃指数 ★★★★☆ | 小孩爱吃指数 ★★★☆☆ |
| 女人爱吃指数 ★★★☆☆ | 老人爱吃指数 ★★★☆☆ |

菠菜瘦肉粥

菠菜含铜，瘦肉含锌。铜是制造红血球的重要元素之一，又为钙、铁、脂肪代谢所必需。两者一起煲粥食用具有养血止血、养颜美肤的作用，对人体盗汗的状况有很好的改善作用。这是一款非常适合女士的粥膳。

 原料

大米 100 克，菠菜 100 克，瘦肉 150 克，姜丝适量

调料

食盐、植物油、鸡精各适量

做法

① 大米洗净后沥干水分，加入少许植物油和食盐腌渍半小时。

② 菠菜洗净，在沸水里稍微焯烫后切成两段；瘦肉洗净切丝，用食盐腌渍片刻。

③ 砂锅内加入足量清水烧开，倒入腌好的大米，大火煮开后转小火煮 1 小时，加入肉丝、姜丝继续煮半小时。

④ 加入菠菜，稍煮片刻，加入食盐、鸡精调味即可。

佐粥小食推荐：

拌虫草花

凉拌海带丝

生活小贴士

菠菜以菜梗红短、叶子新鲜有弹性的为佳。挑选菠菜叶子厚，伸张得很好，且叶面要宽，叶柄则要短。如叶部有变色现象，就不要购买。菠菜不宜与含钙丰富的豆腐、豆制品及木耳、虾米、海带、紫菜等食物同时食用。

牛肉小米粥

此粥有补中益气、滋养脾胃、强健筋骨、化痰息风、止渴止涎之功效，适宜中气下隐、气短体虚、筋骨酸软、贫血久病及面黄目眩之人食用。尤其适合气血虚弱、腰腿酸软的女性食用。

原料

牛肉 30 克，小米 80 克

调料

食盐、葱花各适量

做法

❶ 小米淘洗干净，用清水浸泡 1 小时；牛肉洗净，切片。

❷ 锅中加适量清水，放入小米，用大火熬煮成软烂。

❸ 加入牛肉，换小火熬煮，待牛肉熟后放入食盐调味，撒葱花即可。

男人爱吃指数 ★★★☆☆ | 小孩爱吃指数 ★★★☆☆ | 女人爱吃指数 ★★★★★ | 老人爱吃指数 ★★★★☆

小米红糖粥

　　这道粥有清热解渴、健胃除湿、和胃安眠等功效，还具有滋阴养血的功能，可以使产妇虚寒的体质得到调养。另外，这道粥中含有丰富的 B 族维生素，具有防止消化不良及口角生疮的功效。

 原料

小米 150 克

调料

红糖适量

做法

❶ 将小米淘洗干净，用清水浸泡 1 小时。

❷ 锅中加适量清水烧开，放入小米，以大火烧开后，转小火煮至粥黏稠。

❸ 出锅前，放入适量红糖搅匀即可。

男人爱吃指数 ★★☆☆☆ ｜小孩爱吃指数 ★★★★☆ ｜女人爱吃指数 ★★★★☆ ｜老人爱吃指数 ★★★☆☆

男人爱吃指数 ★★★☆☆　小孩爱吃指数 ★★☆☆☆
女人爱吃指数 ★★★★★　老人爱吃指数 ★★★★☆

猪腰香芋粥

　　猪腰是女性很好的调理食品，除了坐月子或经期食用，对体内器官具有修护作用之外，平常食用也有保养的功效，搭配薏米更能增加皮肤柔润光滑。这款粥具有补肾益肤的功效，适用于有色斑、黑斑者。

原料

大米 100 克，猪腰 1 副，香芋 250 克，薏米 50 克，葱、姜各适量

调料

食盐、料酒、味精、植物油各适量

做法

① 薏米淘洗干净浸泡 4 小时。大米洗净后沥干水分，加入少许植物油和食盐腌渍半小时。

② 将猪腰去筋膜、臊腺，洗净切片，用食盐、料酒、葱、姜腌渍 15 分钟；香芋去皮，切块。

③ 砂锅内加入足量清水烧开，倒入腌好的大米、薏米，大火煮开后转小火煮 1 小时，期间不时搅拌以防粘锅，煮至粥软烂。

④ 加入切好的香芋块，煮 20 分钟至粥软烂黏稠，再加入猪腰，待猪腰熟透，加食盐、味精、葱花调味即可。

佐粥小食推荐：

葱油饼

爽口马蹄

生活小贴士

　　猪腰要选颜色正常、表面无血点、皮质和髓质的分界清晰可见的。如果与普通的猪腰相比，又大又厚，表面有出血点，而且切开来看到白色的筋和红色的组织之间模糊不清的猪腰，不要购买。

原料
罗汉果 2 个，花生仁 50
克，糯米 100 克

调料
白糖适量

做法

❶ 将罗汉果、花生仁以
及糯米洗净备用。

❷ 在锅中倒入适量的
水，水开后将罗汉
果、花生仁以及糯米
倒入，熬半个小时后
调入白糖即可。

| 男人爱吃指数 ★★★☆☆ | 小孩爱吃指数 ★★☆☆☆ | 女人爱吃指数 ★★★★☆ | 老人爱吃指数 ★★★★☆ |

瘦身养颜粥

此粥补肺益气，清咳润燥。罗汉果味道略甘，有益肺、健脾和润肠、凉血、通便的功效，搭配糯米食用，可以治疗便秘，清除肠道内的多余油脂及废物，具有瘦身与排毒的效果。

生活小贴士

罗汉果的瘦身效果不错，但是不要因此而食用过量，一周以 2 ~ 3 次为宜，否则容易造成胃寒。

黄瓜玉米粥

　　鲜黄瓜中含有一种叫丙醇二酸的物质，它有抑制糖类转化为脂肪的作用，多吃黄瓜有减肥的作用。另外，黄瓜中含有丰富的钾盐和胡萝卜素，能消除雀斑、增白皮肤。

|男人爱吃指数 ★★★☆☆ |小孩爱吃指数 ★★★☆☆ |女人爱吃指数 ★★★★☆ |老人爱吃指数 ★★★★★ |

 原料
大米 100 克，玉米粒 50 克，黄瓜 1 根

 调料
食盐适量

 做法

❶ 大米淘洗干净，用清水浸泡 1 小时；黄瓜去皮、子，切块；玉米粒洗净。

❷ 大米放入锅中，加入适量清水，用大火熬煮至大米软烂。

❸ 加入玉米粒和黄瓜块，继续熬煮 20 分钟后，加入适量食盐调味即可。

| 男人爱吃指数 ★★★☆☆ | 小孩爱吃指数 ★★★★☆ |
| 女人爱吃指数 ★★★★★ | 老人爱吃指数 ★★★★☆ |

山药乌鸡粥

乌鸡营养丰富,并含有激素和紫色素,对人体白血球和血色素有增强的作用,此外还具有养肝滋阴、补血养颜、益精明目的作用。食用乌鸡,可提高生理机能、延缓衰老、强筋健骨,对防治骨质疏松、佝偻病、妇女缺铁性贫血症等有明显功效。

原料

大米100克,乌鸡半只,山药1根,葱、姜各适量

调料

食盐、植物油各适量

做法

① 大米洗净后沥干水分,加入少许植物油和食盐腌渍半小时;山药去皮切块,用清水浸泡,备用。

② 将乌鸡洗净切块,放入砂锅中,加入足量清水,再加入姜、葱,大火煮沸后撇去浮沫,转小火熬煮半小时。

③ 将腌好的大米倒入乌鸡汤中,大火煮开后转小火煮60分钟。

④ 加入切好的山药块,煮20分钟至粥软烂黏稠,加入食盐、葱花调味即可。

佐粥小食推荐:

米肠

糯米大枣

生活小贴士

购买乌骨鸡时尽量选择体态清秀,冠和肉髯呈绛色,耳垂呈翠绿色,全身羽毛洁白,啄、舌、皮、肉、骨、内脏、脚等俱为黑色的乌鸡。

罗汉果糙米粥

罗汉果味道略甘，有益肺、健脾、润肠、凉血和通便的功效，搭配糙米食用，可以治疗便秘，清除肠道内多余的油脂及废物，具有瘦身与排毒的效果。

| 男人爱吃指数 ★★★☆☆ | 小孩爱吃指数 ★★☆☆☆ | 女人爱吃指数 ★★★★☆ | 老人爱吃指数 ★★★☆☆ |

原料

糙米 150 克，罗汉果 2 个

调料

食盐适量

做法

❶ 罗汉果洗净；糙米淘洗干净，用清水浸泡 1 小时。

❷ 锅中加适量清水烧开，加入糙米，以大火煮至软烂。

❸ 加入罗汉果继续煮 5 分钟，最后加入食盐煮均即可。

黄瓜糙米粥

糙米中含有大量膳食纤维和丰富的 B 族维生素和维生素 E 以及一些微量元素，补充营养的同时还可以在一定程度上控制体重。黄瓜中含有一种叫作"丙醇二酸"的物质，它能有效抑制糖类物质转化为脂肪。

原料

糙米 50 克，黄瓜 50 克，糯米 50 克

调料

食盐、食用油各适量

做法

① 糙米、糯米淘洗干净，用清水浸泡 1 小时；黄瓜去皮，洗净，切小块。

② 锅中加适量清水烧开，放入糙米、糯米，以大火煮至软烂。

③ 加入黄瓜块，煮至沸腾后，加食盐和食用油调味即可。

| 男人爱吃指数 ★★☆☆☆ | 小孩爱吃指数 ★★☆☆☆ | 女人爱吃指数 ★★★★☆ | 老人爱吃指数 ★★★★☆ |

原料

银耳30克，樱桃10粒，大米100克

调料

冰糖适量

做法

❶ 大米淘洗干净，用清水浸泡1小时；银耳泡发洗净，撕成小朵；樱桃去蒂，洗净。

❷ 锅中入水烧开，放入大米，以大火煮至沸腾。

❸ 加入樱桃、银耳和冰糖，熬煮至粥呈软烂状即可。

| 男人爱吃指数 ★★☆☆☆ | 小孩爱吃指数 ★★★★☆ | 女人爱吃指数 ★★★★★ | 老人爱吃指数 ★★☆☆☆ |

樱桃银耳粥

这道粥有补气养血、滋润皮肤、美容养颜的功效。适用于气血虚之颜面苍老、皮肤粗糙干皱者。常食可使人肌肉丰满、皮肤嫩白光润、容颜焕发。

牛奶润肤粥

　　这款粥不仅可以排毒养颜，还具有补气养血、润肤养颜、延缓皮肤衰老及抗皱的功效。

| 男人爱吃指数 ★★☆☆☆ | 小孩爱吃指数 ★★★★☆ | 女人爱吃指数 ★★★★☆ | 老人爱吃指数 ★★☆☆☆ |

原料 ············
大米 100 克，鲜牛奶 100 克，熟黑芝麻 5 克

调料 ············
白糖适量

做法 ············

❶ 大米淘洗干净，用清水浸泡 1 小时。

❷ 锅中加适量清水烧开，放入大米，以大火煮沸后，换小火煮半小时。

❸ 加入鲜牛奶，煮沸后加适量白糖搅匀，撒上熟黑芝麻即可。

男人爱吃指数 ★★☆☆☆ | 小孩爱吃指数 ★★★☆☆

女人爱吃指数 ★★★★☆ | 老人爱吃指数 ★★★★☆

火腿薏米粥

薏米是极佳的美容食材,具有治疣平痘、淡斑美白、润肤除皱等美容养颜功效,尤其是所含的蛋白质分解酵素能使皮肤角质软化,维生素E有抗氧化作用,维生素 B_1、维生素 B_2 有使皮肤光滑、减少皱纹、消除色素斑点的功效。薏米粥非常适合爱美的女士们食用。

原料

大米100克,薏米50克,火腿肠2根,姜、葱各适量

调料

食用油、食盐、鸡精各适量

做法

❶ 薏米提前4小时浸泡;大米洗净后沥干水分,加入少许食用油和食盐腌渍半小时。

❷ 火腿肠切成长条;姜洗净,切丝;葱洗净,撕成葱丝,放水里浸泡,制成葱丝卷,备用。

❸ 砂锅内加入足量清水烧开,倒入腌好的大米、薏米,大火煮开后转小火煮1小时,加煮至粥软烂。期间不时搅拌,以防粘锅。

❹ 加入火腿肠和姜丝煮五分钟中,加食盐、鸡精调味,撒上葱丝即可。

生活小贴士

薏米以颗粒饱满、有光泽、色泽均匀、表面呈白色或黄白色、气味微甘者为佳。

佐粥小食推荐:

成都素烩

农家牛肉

薏米美颜粥

这道粥有使皮肤光滑、减少皱纹、消除色素斑点的功效。除此之外，还对面部粉刺及皮肤粗糙有明显的疗效，同时还对紫外线有吸收能力，具有防晒和防紫外线的功效。

原料

薏米100克，牛奶200克

调料

冰糖适量

做法

❶ 薏米淘洗干净，用清水浸泡2小时。

❷ 锅中倒入适量清水烧开，放入薏米，以大火煮至薏米熟透，加冰糖，煮至冰糖融化。

❸ 加入牛奶，大火煮沸即可。

男人爱吃指数 ★★☆☆☆ 小孩爱吃指数 ★★☆☆☆ 女人爱吃指数 ★★★★☆ 老人爱吃指数 ★★★☆☆

玉米燕麦粥

这款粥含有丰富的营养素，对女性丰乳、减肥有很好的功效，宜多吃。

原料

玉米粉 80 克，燕麦米
100 克，枸杞子适量

调料

白糖适量

做法

❶ 枸杞子洗净备用；燕
麦米淘洗净，用清水
浸泡 1 小时；玉米粉
放入碗中，加适量清
水调成糊状。

❷ 锅中加适量清水烧
开，放入燕麦米，以
大火烧开，换小火煮
半小时。

❸ 倒入玉米糊搅匀，煮
沸后放入枸杞子、白
糖稍煮即可。

| 男人爱吃指数 ★★★☆☆ | 小孩爱吃指数 ★★★★☆ | 女人爱吃指数 ★★★★☆ | 老人爱吃指数 ★★★☆☆ |

| 男人爱吃指数 ★★★☆☆ | 小孩爱吃指数 ★★★☆☆ |
| 女人爱吃指数 ★★★★☆ | 老人爱吃指数 ★★★★☆ |

大枣羊肉粥

俗话说："每天三粒枣，青春永不老"，这是说枣有驻颜美容、抗衰老的功效。枣素有"天然维生素丸"的美誉。与羊肉同食，具有养血补肾、增强御寒能力、消除黑眼圈、改善手足皮肤的血液循环、预防冻疮、减少雀斑的作用。

原料

糯米 100 克，羊肉 150 克，大枣 30 克，葱花、姜丝各适量

调料

食盐、味精、植物油各适量

做法

① 糯米洗净后浸泡 1 小时，捞出沥干水分，加入少许植物油和食盐腌渍半小时。

② 大枣洗净去核、羊肉洗净切片，用开水焯烫，捞出。

③ 砂锅内加入足量清水烧开，倒入腌好的糯米，大火煮开后转小火煮 1 小时，加入羊肉、红枣、姜丝继续煮至软烂。

④ 加入食盐、味精调味，撒上葱花即可。

生活小贴士

好的大枣皮色紫红，颗粒大而均匀、果形短壮圆整，皱纹少，痕迹浅；皮薄核小，肉质厚而细实；无虫眼，口尝味甜。

佐粥小食推荐：

酱肉饼

生态瓜苗

花生猪蹄粥

猪蹄中的弹性蛋白极丰富，它能使皮肤的弹性增加，韧性增强，血液循环旺盛，营养供应充足，皱纹变浅或消失，皮肤显得娇嫩细致，光亮洁白。花生仁脂肪含量高，猪蹄富含胶质，皆有促进胸部发育的效果，对妇女产后缺乳也有很好的功效。

原料

猪蹄1只，大米100克，花生仁10克

调料

食盐适量

做法

① 猪蹄洗净，剁成小块，放入开水锅中焯烫，去血水，再放入开水中煮至汤汁浓稠；大米淘洗干净，用清水浸泡1小时。花生仁洗净。

② 锅中加适量清水烧开，放入大米、猪蹄，以大火烧开，再转小火煮20分钟。

③ 放入花生仁，煮至粥软烂，加入食盐调味即可。

| 男人爱吃指数 ★★☆☆☆ | 小孩爱吃指数 ★★★☆☆ | 女人爱吃指数 ★★★★★ | 老人爱吃指数 ★★☆☆☆ |

三黑乌发粥

　　黑米能滋阴补肾、益气活血、养肝明目；黑豆能养阴补气、滋补明目、活血解毒以及乌须发。二者与黑芝麻熬成粥有乌发润肤、补脑益智的功效，还能补血。适合须发早白、头昏目眩及贫血患者食用。

原料
黑米80克，黑豆50克，黑芝麻5克

调料
红糖适量

做法

❶ 黑豆、黑米洗净，用清水浸泡4小时；黑芝麻洗净备用。

❷ 锅中加适量清水烧开，放入黑豆、黑米，用大火煮沸。

❸ 加入红糖、黑芝麻，改用小火煮约10分钟即成。

| 男人爱吃指数 ★★☆☆☆ | 小孩爱吃指数 ★★★☆☆ | 女人爱吃指数 ★★★★★ | 老人爱吃指数 ★★★★☆ |

银耳木瓜粥

木瓜含有丰富的木瓜酵素和维生素 A 能刺激女性激素分泌，有助丰胸，木瓜酵素还可分解蛋白质，促进身体对蛋白质的吸收，搭配银耳煮成粥食用，效果最佳。

原料

大米 80 克，木瓜 50 克，银耳 20 克，大枣、枸杞子各适量

调料

牛奶、蜂蜜各适量

做法

❶ 银耳泡发洗净，撕成小朵；木瓜去皮，洗净，切小块；大枣、枸杞子洗净；大米淘洗净，用清水浸泡 1 小时。

❷ 锅中加适量清水烧开，放入大米、银耳，以大火烧开后，换小火煮半小时。

❸ 加入木瓜块，煮 10 分钟后，加入牛奶烧开，再加蜂蜜拌匀即可。

| 男人爱吃指数 ★★☆☆☆ | 小孩爱吃指数 ★★★☆☆ | 女人爱吃指数 ★★★★★ | 老人爱吃指数 ★★★☆☆ |

| 男人爱吃指数 ★★☆☆☆ | 小孩爱吃指数 ★★☆☆☆ | 女人爱吃指数 ★★★★☆ | 老人爱吃指数 ★★★☆☆ |

红豆燕麦薏米粥

这款红豆燕麦粥不仅瘦身功效显著，还能有效帮助身体排毒，长期饮用，能轻松瘦出好身材。

 原料

薏米 50 克，燕麦 50 克，红豆 30 克，大枣 10 颗

 调料

白糖适量

做法

❶ 红豆洗净，用清水浸泡 1 小时；大枣去核，洗净；燕麦用水泡开。

❷ 锅中加适量清水烧开，放入薏米、红豆，以大火煮沸，换小火煮半小时。

❸ 加入燕麦汤和大枣，继续煮至粥呈黏稠状，加适量白糖拌匀即可。

猪骨养颜粥

黑芝麻能防止过氧化脂质对皮肤的危害，抵消或中和细胞内有害物质游离基的积聚，可使皮肤白皙润泽，并能防治各种皮肤炎症。此外，芝麻还具有养血的功效，可以治疗皮肤干枯、粗糙、令皮肤细腻光滑、红润光泽。

原料
大米 80 克，猪骨 150 克，熟黑芝麻 10 克

调料
食盐、味精、植物油各适量

做法

❶ 大米洗净后沥干水分，加入少许植物油和食盐腌渍半小时。猪骨洗净剁成块，入沸水中汆烫去除血水后，捞出。

❷ 将焯好的骨头放入砂锅中，加入足量清水，大火煮沸后转小火熬煮 40 分钟。

❸ 将腌好的大米加入猪骨汤中，大火煮开后转小火煮至粥软烂黏稠，加食盐、味精调味，再撒上熟黑芝麻煮 10 分钟，即可。

佐粥小食推荐：

大拌菜

绿茶饼

生活小贴士

优质黑芝麻的色泽鲜亮、大而饱满，皮薄，嘴尖而小，杂质，闻之气味平淡。

| 男人爱吃指数 ★★★☆☆ | 小孩爱吃指数 ★★★★☆ |
| 女人爱吃指数 ★★★★★ | 老人爱吃指数 ★★★★☆ |

何首乌大枣粥

何首乌能补肝肾、益精血、乌须发、强筋骨，对于血虚萎黄、眩晕耳鸣、须发早白、腰膝酸软有着很好的疗效。何首乌更是抗衰老的明星，对发白、齿落和老年斑都有着预防的功效。

原料

大米 100 克，何首乌 50 克，大枣 5 颗

调料

冰糖适量

做法

❶ 何首乌放入砂锅内，加水煎汁，去渣；大米洗净，用清水浸泡 1 小时；大枣去核，洗净，切片。

❷ 将大米、大枣、何首乌煎汁一同放入砂锅内，加适量清水，用大火煮沸。

❸ 加入冰糖，换小火煮约半小时即成。

男人爱吃指数 ★★☆☆☆ | 小孩爱吃指数 ★★★☆☆ | 女人爱吃指数 ★★★★☆ | 老人爱吃指数 ★★★★★

第七章

五谷杂粮 素食粥

俗话说"每天喝点粥，养生防病入"。一碗再普通不过的粥，却有着神奇的益寿延年的作用，难怪中国人都爱喝粥。而五谷杂粮粥是粥中之宝，《黄帝内经》强调"五谷为养，五果为助，五菜为充，五畜为益。"五谷熬粥，淡甘养人，含四气五味，对人体有极好的滋补作用，常喝粥不仅可以养五脏，防生病，还可延年益寿。

五谷杂粮的四性五味

四性五味是中国人五千年来的食疗智慧结晶，了解食物的四性五味，能让你吃得更健康。在西医的营养学中，常会分析一种食物含有多少蛋白质、维生素和矿物质等营养元素。而在中医理论中，则会着重分析食物的性味。

● 四性

中医理论一直强调"药食同源"，认为食物有改善和治疗疾病的功效，所以将食物的性质分类，让人们根据自己的体质来选择适合的食物。四性即寒、凉、温、热四种属性，而寒热偏性不明显的归于平性。五谷杂粮的四性是根据吃完食物后对身体产生的作用来决定的。一般来说，寒凉性的五谷杂粮能减轻或消除体内热象，清热解渴，除烦躁；而吃完后能明显消除或减轻身体寒象的食物，就归于温热性。所谓寒、凉、温和热的区分都只是程度上的差别，寒性的程度比较轻的就归凉，而温热也是如此。

四性	作用	适合体质	代表
寒	清热解渴、消除热证	热性症状或阳气旺盛者	绿豆
凉	降火、减轻热证		小麦、薏米、大麦、小米
温	祛寒补虚	寒性症状或阳气不足的人	红豆、高粱、糯米、栗子
热	祛寒、消除寒证		炒、炸花生等
平	开脾健胃	各种体质皆适合	黑豆、玉米、粳米、黄豆

● 五味

五味即酸、苦、甘、辛、咸五种滋味，此外还有淡味。五味都有各自对应的体内器官和功效，摄入营养要五味均衡，才是最好的养生方法。

酸味：有生津开胃、收敛止汗、助消化、改善腹泻症状等作用。对应器官为肝。如果吃得太多容易造成身体损伤；感冒者宜少食。

苦味：能清热泻火、促进伤口愈合、解毒除烦等。对应器官为心。食用过多会口干舌燥，如有便秘现象、干咳症状、胃病或骨病患者，应尽量避免食用。代表性五谷杂粮为米糠。

甘味：能补虚治病，益补强壮，有调和胃系统的作用。对应器官为脾。但食用过多会导致发胖、蛀牙，如有糖尿病或腹部闷胀者不宜食用过多。代表性五谷杂粮为糯米、荞麦、豌豆、栗子等。

辛味：可缓和肌肉及关节病、偏头痛等，可发散风寒、行气活血。对应器官为肺。如果过多食用会便秘、火气大或长青春痘等。

咸味：有温补肝肾、泻下通便的功效。对应器官为肾。如果食用过多会造成高血压等心血管疾病，特别是中风患者应节制食用。代表性五谷杂粮为核桃、小麦、小米等。

淡味：有除湿利水的功效，可改善小便不畅、水肿等症状。如果没有湿性症状的人应谨慎食用。代表性五谷杂粮为薏米等。

| 男人爱吃指数 ★★☆☆☆ | 小孩爱吃指数 ★★★☆☆ |
| 女人爱吃指数 ★★★★★ | 老人爱吃指数 ★★★☆☆ |

银耳木瓜糙米粥

这道粥能消除体内过氧化物等毒素，净化血液，对肝功能障碍及高脂血症、高血压病具有防治效果。而木瓜中特有的木瓜酵素可帮助消化，有防治便秘的功效。

原料

糙米 150 克，银耳 50 克，木瓜 80 克，枸杞子 10 克

调料

蜂蜜适量

做法

① 银耳提前用清水泡发，洗净，撕成小朵；木瓜去皮，切成小块；枸杞子洗净备用；糙米洗净，用清水浸泡 2 小时。

② 锅中加适量清水烧开，放入糙米、枸杞子、银耳，以大火煮沸后，换小火煮半小时。

③ 下入木瓜，续煮 5 分钟，加蜂蜜调味即可。

生活小贴士

对于爱美的女士来说，这款粥可加入牛奶煮食，美容滋补效果会更好。

佐粥小食推荐：

菜盒

虾干香菇芥蓝

黑芝麻山药粥

这款粥具有补肝肾、滋五脏、润肠燥、补钙、降血压、乌发润发、养颜润肤等功效。

男人爱吃指数 ★★☆☆☆ | 小孩爱吃指数 ★★★★☆ | 女人爱吃指数 ★★★★☆ | 老人爱吃指数 ★★☆☆☆

原料 ·······

大米 60 克，山药 50 克，黑芝麻 5 克，牛奶 100 克

调料 ·······

冰糖适量

做法 ·······

❶ 大米淘净，用清水浸泡 1 小时；山药去皮，切块；黑芝麻炒香。

❷ 锅中加适量清水烧开，放入大米、山药，以大火熬煮至沸腾。

❸ 加入牛奶、黑芝麻，换小火熬煮半小时，加适量冰糖即可。

百合大米粥

百合大米粥具有养心肺、安神止咳的作用，可用于治疗肺阴虚所致的干咳、咯血，亦可治疗心阴虚所致失眠、心烦、精神不安、惊悸等病症。还可作为白细胞减少症辅助食疗粥。

男人爱吃指数 ★★☆☆☆ | 小孩爱吃指数 ★★☆☆☆ | 女人爱吃指数 ★★★★☆ | 老人爱吃指数 ★★★★☆

原料
大米 100 克，薏米 20 克，鲜百合 30 克

调料
白糖适量

做法

❶ 将大米、薏米洗净，用清水浸泡 1 小时；鲜百合洗净，分瓣。

❷ 锅中加适量清水以大火烧开，放入大米、薏米，大火煮沸后，换小火熬煮成稠状。

❸ 放入百合，煮沸后放入白糖即可。

红薯小米粥

这道粥富含维生素B_1、维生素B_{12}、矿物质等营养素，具有维持和调节人体功能、预防骨质疏松症、降低血压的作用。

原料

小米 100 克，红薯 80 克，板栗肉 50 克

调料

白糖适量

做法

❶ 红薯去皮切成小块；板栗肉切成小块；小米淘洗干净，用清水浸泡 1 小时。

❷ 锅中加适量清水，以大火烧开，放入红薯、板栗肉、小米继续煮沸。

❸ 转小火熬煮至粥软熟，加适量白糖调味即可。

| 男人爱吃指数 ★★☆☆☆ | 小孩爱吃指数 ★★★☆☆ | 女人爱吃指数 ★★★★☆ | 老人爱吃指数 ★★★★☆ |

红薯玉米粥

　　红薯、玉米属于粗粮，富含 B 族维生素，钾、镁等矿物质含量也丰富，这款粥含有丰富的膳食纤维，能促进肠道蠕动，预防便秘及由此引发的多种慢性病，如肥胖、糖尿病等。

原料

玉米面 100 克，小米 40 克，红薯 200 克

调料

白糖适量

做法

❶ 小米淘洗干净，用清水浸泡 1 小时；红薯洗净，去皮，切成小块；玉米面加水搅成糊状。

❷ 锅中加适量清水烧开，放入小米、红薯块，煮至红薯七八成熟。

❸ 将玉米面糊倒入锅内，改小火煮 15 分钟后，加入适量白糖调味即可。

| 男人爱吃指数 ★★★☆☆ | 小孩爱吃指数 ★★★☆☆ | 女人爱吃指数 ★★★★☆ | 老人爱吃指数 ★★★★☆ |

百合薏米粥

百合含水仙碱等多种生物碱，并含淀粉、蛋白质、脂肪、维生素 B_1、维生素 B_2、维生素 C 及钙、磷、铁等。味甘、微苦，性微寒，有润肺止咳、清心安神之功效，与薏米一同熬煮成粥，具有清热利湿的功效。

原料

薏米 50 克，糯米 80 克，鲜百合 30 克

调料

冰糖适量

做法

❶ 薏米、糯米淘洗干净，用清水浸泡 2 小时；百合洗净，掰成片。

❷ 锅中加适量清水烧开，放入薏米、糯米，以大火煮沸，换小火熬煮半小时。

❸ 加入百合、冰糖，继续煮至粥黏稠即可。

| 男人爱吃指数 ★★☆☆☆ | 小孩爱吃指数 ★★★☆☆ | 女人爱吃指数 ★★★★☆ | 老人爱吃指数 ★★★★☆ |

花生紫米粥

这道粥富含丰富蛋白质、脂肪、钙、磷、锌等微量元素，特别是所含的多种不饱和脂肪酸对儿童的大脑发育极为有益。

|男人爱吃指数 ★★★☆☆|小孩爱吃指数 ★★★☆☆|女人爱吃指数 ★★★★☆|老人爱吃指数 ★★★☆☆|

 原料

紫米 50 克，花生仁 20 克

 调料

冰糖适量

做法

❶ 紫米淘洗干净，用清水浸泡 2 小时；花生仁洗净。

❷ 锅中加适量清水烧开，下入紫米，用大火煮沸后换小火煮至粥稠。

❸ 加入花生仁及冰糖，略煮即可。

枸杞芝麻粥

枸杞子和黑芝麻一同煮粥，具有补肝肾、益气血功效。适用于头发早白、脱发及阴虚燥热便秘者。

原料 ----------

黑米 100 克，山药 50 克，枸杞子 3 克

调料 ----------

蜂蜜适量

做法 ----------

① 黑米淘洗干净，用清水浸泡 2 小时；山药去皮，洗净，切成小块；枸杞子洗净备用。

② 锅中加适量清水烧开，放入黑米、山药，以大火煮沸。

③ 放入枸杞子，换小火煮半小时，加蜂蜜拌匀即可。

| 男人爱吃指数 ★★★☆ | 小孩爱吃指数 ★★☆☆☆ | 女人爱吃指数 ★★★☆☆ | 老人爱吃指数 ★★★☆☆ |

绿豆百合粥

此粥能安心养神、消肿利尿，适宜体虚肺弱者、更年期女性、神经衰弱者、睡眠不宁者。

| 男人爱吃指数 ★★★☆☆ | 小孩爱吃指数 ★★★☆☆ | 女人爱吃指数 ★★★★☆ | 老人爱吃指数 ★★★★★ |

 原料

绿豆 50 克，鲜百合 20 克，大米 100 克

 调料

冰糖适量

 做法

❶ 绿豆用清水浸泡 2 小时；大米淘洗干净，用清水浸泡 1 小时；百合洗净掰瓣。

❷ 锅中加适量清水烧开，放入绿豆、大米，用大火烧沸后，换小火煮半小时。

❸ 加入百合、冰糖，继续煮 10 分钟即可。

大麦糯米粥

这道粥富含纤维素和半纤维素，能促进体内废物排出。还有一定的滋补身体、养颜润肤、预防便秘的作用。

原料

大麦仁 100 克，糯米 30 克

调料

红糖适量

做法

❶ 把大麦仁、糯米淘净，用清水浸泡 2 小时。

❷ 锅中加适量清水烧开，放入大麦仁，以大火煮至沸腾。

❸ 放入糯米，水沸后，换小火熬到米烂粥稠，加入红糖拌匀即可。

百合红薯粥

这道粥不仅色泽亮丽，而且营养丰富，其中含有淀粉、蛋白质、脂肪及钙、磷、铁、维生素 B_1、维生素 B_2、维生素 C 等营养素，有降低血压、预防骨质疏松的作用。

男人爱吃指数 ★★☆☆☆ ┃ 小孩爱吃指数 ★★★☆☆ ┃ 女人爱吃指数 ★★★★☆ ┃ 老人爱吃指数 ★★★★★

原料

小米 100 克，百合 10 克，红薯、山药各适量

调料

白糖适量

做法

❶ 小米洗净，用清水浸泡 1 小时；红薯、山药洗净，去外皮，切成小块备用；百合洗净，掰片。

❷ 锅中加适量清水烧开，放入小米、山药、红薯、百合一起熬煮。

❸ 待熬煮至米粒软烂，加入白糖即可。

调料 ------------------
冰糖适量

做法 ------------------

❶ 黑豆、黑米洗干净，用清水浸泡2小时。

❷ 锅中加适量清水烧开，放入黑豆、黑米，以大火熬煮至呈黏稠状。

❸ 加入适量冰糖，换小火煮10分钟即可。

| 男人爱吃指数 ★★★☆ | 小孩爱吃指数 ★★☆☆☆ | 女人爱吃指数 ★★★★☆ | 老人爱吃指数 ★★★★☆ |

黑豆黑米粥

　　黑豆有固肾益精、增强体力、调养肾虚及缓解疲劳的作用；黑米可补血益气、健肾润脾。二者搭配食用，有良好的健肾、益气、补虚的功效，可有效增强体力、缓解疲劳。

扁豆大枣玉米粥

这道粥有健脾养血、清暑利湿的功效，对暑热症、厌食症、慢性胃炎、胃窦炎、营养不良性水肿、糖尿病、高血压病有疗效。

原料
扁豆 80 克，大枣 15 颗，玉米楂 100 克

调料
白糖适量

做法

❶ 扁豆洗净，用清水浸泡半小时；大枣去核，洗净；玉米楂洗净。

❷ 锅中加适量清水烧开，放入扁豆和玉米楂，以大火烧开。

❸ 放入大枣，改用小火熬煮成粥，加入适量白糖拌匀即可。

男人爱吃指数 ★★☆☆☆ ｜ 小孩爱吃指数 ★★★☆☆ ｜ 女人爱吃指数 ★★★★☆ ｜ 老人爱吃指数 ★★★★☆

红豆荞麦粥

　　红豆，性平偏凉，味甘，含有蛋白质、脂肪、糖类、B族维生素、钾、铁、磷等，和山药、荞麦等一同煮成粥，具有润肠通便、降血压、降血脂、调节血糖、解毒抗癌、预防结石、健美减肥的作用。

原料 ----------------------
荞麦100克，大米50克，山药100克，红豆适量

调料 ----------------------
食盐适量

做法 ----------------------
❶ 荞麦、大米、红豆提前用水浸泡1小时；山药去皮、洗净，切成块。

❷ 锅中加适量清水烧开，放入所有食材，以大火煮至沸腾，换小火煮至黏稠。

❸ 加适量食盐调味即可。

男人爱吃指数 ★★☆☆☆ | 小孩爱吃指数 ★★☆☆☆ | 女人爱吃指数 ★★★★☆ | 老人爱吃指数 ★★★★☆

原料

大米80克，花生仁50克，
杏仁30克

调料

白糖适量

做法

① 大米淘洗干净，用清
水浸泡1小时；花生
仁洗净，用清水浸泡
半小时；杏仁焯水，
备用。

② 锅中加适量清水烧
开，放入大米，用大
火煮沸。

③ 加入花生仁，换小火
煮约40分钟。

④ 下入杏仁及白糖，搅
拌均匀，煮15分钟
即可。

|男人爱吃指数 ★★★☆☆|小孩爱吃指数 ★★☆☆☆|女人爱吃指数 ★★★☆☆|老人爱吃指数 ★★★★☆|

杏仁花生粥

　　杏仁含有丰富的单不饱和脂肪酸，有益于心脏健康；含有维生素E等抗氧化
物质，能预防疾病和早衰。此粥是补血养颜的健康养生粥，女性可常喝。

编委会成员

本书在菜品制作和编写、审稿过程中，得到了以下编委会成员的大力支持（排名不分先后）。

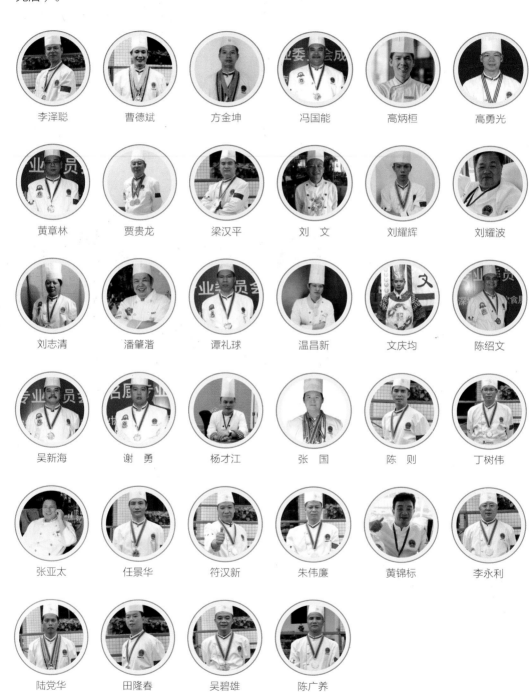

李泽聪　　曹德斌　　方金坤　　冯国能　　高炳桓　　高勇光

黄章林　　贾贵龙　　梁汉平　　刘　文　　刘耀辉　　刘耀波

刘志清　　潘肇湝　　谭礼球　　温昌新　　文庆均　　陈绍文

吴新海　　谢　勇　　杨才江　　张　国　　陈　则　　丁树伟

张亚太　　任景华　　符汉新　　朱伟廉　　黄锦标　　李永利

陆党华　　田隆春　　吴碧雄　　陈广养